贵州省职业技能学历双提升工程

淡水养殖

贵州省教育厅 / 编

贵州大学出版社
Guizhou University Press

图书在版编目（CIP）数据

淡水养殖 / 贵州省教育厅编. -- 贵阳 : 贵州大学出版社, 2022.12

贵州省职业技能学历双提升工程

ISBN 978-7-5691-0656-5

Ⅰ. ①淡… Ⅱ. ①贵… Ⅲ. ①淡水养殖－职业教育－教材 Ⅳ. ①S964

中国国家版本馆CIP数据核字(2023)第006219号

贵州省职业技能学历双提升工程 · 淡水养殖

编　　者 / 贵州省教育厅

出 版 人 / 闵　军

责任编辑 / 高雪蓉

装帧设计 / 陈　丽　王　涛

出版发行 / 贵州大学出版社有限责任公司

地址：贵阳市花溪区贵州大学东校区出版大楼

邮编：550025　电话：0851-88291180

印　　刷 / 贵阳精彩数字印刷有限公司

开　　本 / 889毫米×1194毫米　1/32

印　　张 / 7.25

字　　数 / 123千字

版　　次 / 2022年12月第1版

印　　次 / 2022年12月第1次印刷

书　　号 / ISBN 978-7-5691-0656-5

定　　价 / 26.00元

编委会

前　言

“职业技能学历双提升工程”（以下简称“双提升工程”），是贵州省整体提升教育水平攻坚行动计划的“七大工程”之一。“双提升工程”主要是帮助16—59周岁未上学或低学历劳动者提升文化水平，让他们能学习一技之长，提高就业的核心竞争力，实现劳动增收。

开展“双提升工程”意义重大。首先，它是“提高人均受教育年限”最直接、最快捷的办法；其次，它是实施“技能贵州”、补足短板最重要的途径；最后，它是广大农民在家增收致富、外出务工的“锦囊妙计”。在家的农民朋友经过“双提升工程”培训后，能够掌握种植、养殖和农产品加工等技术，学会“苗绣”、“贵银”、蜡染等非物质文化传承技术，可以很好地实现增收致富。贵州是劳务输出大省，但许多外出务工者只能从事待遇较低的简单劳力工作。如果经过“双提升工程”培训，拿到一个与技术相关的证书，收入就可能是普通工人的2—3倍或更高。如同样去建筑工地打工，懂技术的钢筋工、水泥工、水电工就比普通工人的工资多一倍以上。

为确保“双提升工程”有序开展，贵州省教育厅委托黔南布依族苗族自治州教育局组织黔南民族幼儿师范高等专科学校和贵州大学出版社编写文化基础教材，组织黔南民族幼儿师范高等专科学校、黔南民族职业学院、罗甸县中等职业学校、贵定职业技术学校等职业院校和贵州大学出版社编写专业技能课程教材，以此作为职业技术学校“双提升工程”的通用教材。本次教材的编写，无论是文化基础教材还是专业技能课程教材，都充分考虑了受教育者的学习能力与现有水平。文化基础教材通过通俗易懂的语言、简洁明了的图片等形式，向广大受教育群体讲述了我国优秀历史文化知识、政策法规等。专业技能课程教材则以劳动者日常生活所必需的技术技能为基础，重点介绍了电子电器的应用与维修、计算机的应用与维修、服装设计与工艺、民族服装与服饰、中餐烹饪等 11 个固定专业技能和 4 个具有地方特色的专业技能，具有较强的实用性和可操作性，充分体现了“双提升工程”与乡村振兴的密切联系。同时，本系列教材内容设置层层递进，让具有劳动能力但文化水平较低的劳动者通过培训，学习掌握扎实的文化知识和专业技能，真实有效地提高全省劳动者的文化水平，进一步增强这一部分人的从业就业能力。

教育是国之大计、党之大计！教育兴则国家兴，教育强则国家强。职业教育是国民教育体系和人力资源开发的重要组成部分，肩负着培养多样化人才、传承技术技能、促进就业创业的重要职责。大力开展“双提升工程”培训，有利于践行“以人民为中心”的发展理念，帮助广大农民朋友提升学历，并掌握一技之长，使他们能够更好地在家就业或外出务工，让他们“腰包鼓起来”，进而实现增收致富，达到“人人职教、个个就业、家家致富”的目标！

目　录

1 走进淡水养殖

2 常见的淡水动物养殖技术

3 淡水养殖动物疾病防治

附　表

1

走进淡水养殖

项目一　认识淡水养殖

※ 学习目标

- 掌握淡水养殖的概念及养殖方式。
- 认识常见的淡水养殖动物。
- 认识淡水养殖常用的器械设备。
- 掌握淡水鱼鱼苗知识。
- 了解淡水鱼养殖相关法律法规及政策。

※ 学习重点

- 掌握淡水养殖及养殖方式。

任务一　什么是淡水养殖

淡水养殖是相对于海水养殖而言的一种养殖方式，该方式利用池塘、水库、湖泊、江河以及其他内陆水域（含微咸水），饲养水产经济动物（鱼、虾、蟹、贝等），生产水生经济植物，是内陆水产业的重要组成部分。常见的养殖方式除了传统的池塘养殖、稻田养殖外，还有现在的湖泊养殖、江河养殖、水库养殖、工厂化养殖、微流水养殖等。

图 1-1-1 池塘养殖

图 1-1-2 稻田养殖

图 1-1-3 拦网养殖

图 1-1-4 流水池养殖

图 1-1-5 池塘工程化循环水养殖

图 1-1-6 湖库养殖

图 1-1-7 室内工厂化循环水养殖

图 1-1-8 室外高密度帆布池养殖

图 1-1-9 跑道式循环水养殖

图 1-1-10 高位池循环水养殖

近年来，随着水产养殖业的不断发展，中国养殖水产品产量位居世界前列，而其中一半以上都是来自淡水养殖产出。中国淡水养殖以湖库养殖、流水养殖和各类循环水养殖为主，其产量占水产品总产量的70%以上。

任务二 常见的淡水养殖动物

图 1-1-11 鲤鱼

图 1-1-12 草鱼

图 1-1-13 大口鲇

图 1-1-14 加州鲈鱼

图 1-1-15 尼罗罗非鱼

图 1-1-16 鳙鱼

图 1-1-17 乌鳢

图 1-1-18 长吻鮠

图 1-1-19 泥鳅

图 1-1-20 黄鳝

图 1-1-21 鳖

图 1-1-22 南美白对虾

图 1-1-23 鲟鱼

图 1-1-24 牛蛙

图 1-1-25 蟹

图 1-1-26 小龙虾

图 1-1-27 斑点叉尾鮰

图 1-1-28 黄颡鱼

知识加油站

吃鱼的好处

- 吃鱼可使脑波传递速度加快，反应敏捷。
- 吃鱼可以防止脂肪堵塞血管。
- 吃鱼可促进血液流通。
- 吃鱼可以防止动脉血管硬化，降低患阿尔兹海默病的风险。

任务三　水产养殖中常用的设备

·增氧设备

增氧设备是实施水产养殖的必备设备之一，其种类很多，主要有曝气增氧机、叶轮式增氧机、水车式增氧机、射流式增氧机、喷水式增氧机等。增氧设备主要用于增加水中的溶氧量，通过搅拌水体促进水体上下循环，达到增氧曝气、改善水质的作用。

图 1-1-29 水车式增氧机

图 1-1-30 叶轮式增氧机

图 1-1-31 喷水式增氧机

图 1-1-32 射流式增氧机

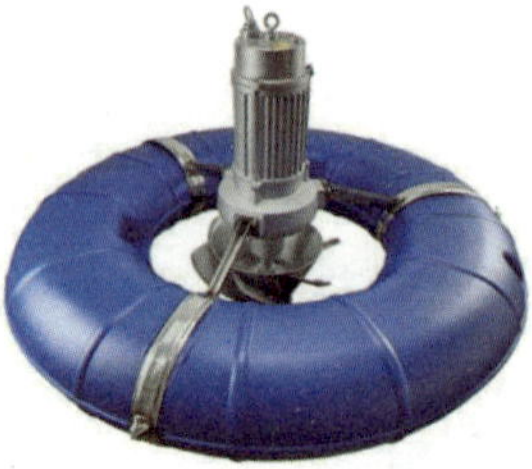

图 1-1-33 曝气式增氧机

图 1-1-34 罗茨鼓风机

· 投饲设备

投饲设备可以定时、定次、定量、定点、均匀地自动投饲，具有省工省时、减少饲料浪费、保护水体环境等特点。

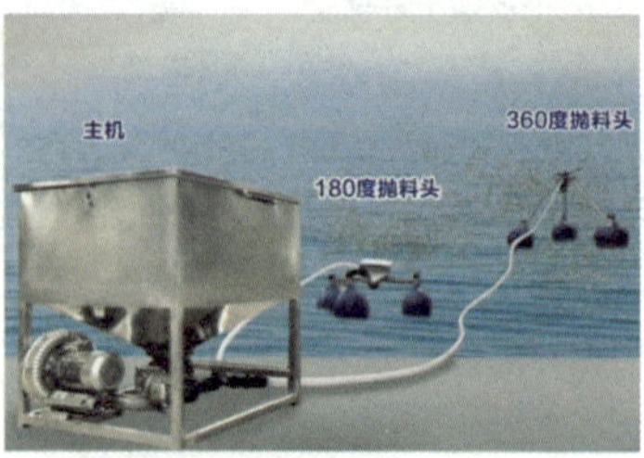

图 1-1-35 全自动风送投饵机

图 1-1-36 全自动高速投饵机

图 1-1-37 遥控式喂料船

图 1-1-38 饵料搅拌机

· 排灌设备

水产养殖中的排灌设备主要是水泵。

图 1-1-39 自吸式水泵

图 1-1-40 离心式水泵

图 1-1-41 混流泵

图 1-1-42 潜水泵

· 清塘设备

清塘设备主要选用工程机械，如推土机、挖掘机、移运机等。带水的池塘清淤主要使用清淤机械，常用的清淤机械有两栖式清淤机、水力高压清洗机、挖塘机组和水下清泥机。

图 1-1-43 推土机

图 1-1-44 挖掘机

任务四 认识淡水鱼鱼苗

·鱼苗、鱼种的名称

仔鱼 指卵黄囊仔鱼，从出膜到卵黄吸收完全为止，养殖上称此期为嫩口鱼苗。

稚鱼 从卵黄吸收完毕到奇鳍褶开始退化、软骨性鳍条开始形成为止，养殖上称为老口鱼苗。

幼鱼 从奇鳍褶退化消失开始到鳍条、鳞片和侧线形成。幼鱼的体形和体色基本和成鱼相似。

水花

孵出 3 ～ 4 天，此时鳔已充气，能够水平游动，可以下塘饲养的仔鱼。

图 1-1-45 水花

乌仔

鱼苗下塘后经 10 ～ 15 天的培育，长至全长约 2 厘米的仔鱼。

图 1-1-46 乌仔

夏花

乌仔再经过十几天的饲养，养成 3 ～ 5 厘米的稚鱼，夏花也被称为“火片”或“寸片”。

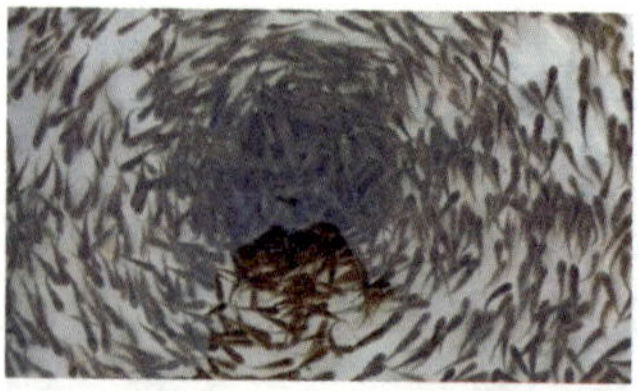

图 1-1-47 夏花

秋片

夏花经过 3 ～ 5 个月的饲养，长成 10 ～ 17 厘米长的幼鱼，因在秋天出塘，所以被称为“秋片”。

图 1-1-48 秋片

春片

秋片越冬后就被称为“春片”，可作为鱼种。

图 1-1-49 春片

注意：如要作为商品鱼饲养的话，鱼种需要被放养 2 龄或是 3 龄。

·草鱼乌仔的质量鉴别

学会根据乌仔鱼苗的体色、游泳情况以及挣扎能力等来鉴别鱼苗的质量。

优质的草鱼乌仔

▶ 体色：群体体色相同，略带黄色或红色，没有白色死苗，身体干净无污泥。

▶ 游泳情况：搅动水产生旋涡，鱼苗能顶水游泳、逆水游动。

▶ 挣扎能力：在没有水的情况下，鱼苗在盆底强烈挣扎，有活力。

图 1-1-50 优质的草鱼乌仔

劣质的草鱼乌仔

▶ 体色：群体体色不一，劣质的草鱼乌仔体色发黑带灰，有白色死苗，身体带污泥。

▶ 游泳情况：搅动水产生旋涡，鱼苗大部分卷入旋涡，顶水游泳能力差。

▶ 挣扎能力：在没有水的情况下，鱼苗在盆底无力挣扎，仅是头尾扭动。

> 注意：常见的四种劣质鱼苗分别是“胡子”苗、畸形苗、“困花”苗和杂色苗。

图 1-1-51 劣质的草鱼乌仔

·草鱼夏花的质量鉴别

草鱼夏花鱼苗可以从规格、体色、活动情况以及体质强弱来鉴别质量。

优质的草鱼夏花

▶ 规格：同一批次出塘的鱼苗规格整齐、大小一致。

▶ 体色：鲜艳、有光泽，没有污点。

▶ 活动情况：活泼有力，集群游动，抢食能力强，受惊后反应灵敏。

▶ 体质强弱：无水时剧烈挣扎、狂跳，鱼体肥壮丰满，鳍鳞完整、无脱落、无异常。

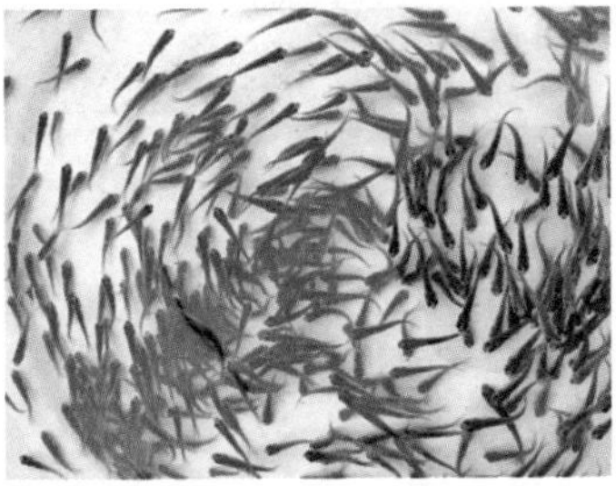

图 1-1-52 优质的草鱼夏花

劣质的草鱼夏花

▶ 规格：同一批次出塘的鱼苗大小不一。

▶ 体色：黯淡无光，有的变黑，有的变白。

▶ 活动情况：行动迟缓，不爱集群，抢食能力弱，受惊后反应迟钝。

▶ 体质强弱：无水时很少跳动，瘦弱，鳍鳞脱落或残缺，鱼体充血或有异物附着。

图 1-1-53 劣质的草鱼夏花

项目二 淡水养殖相关惠农政策

※ 学习目标

▶ 了解国家扶持的水产养殖项目。

▶ 了解水产养殖扶持补助标准。

▶ 了解发展水产养殖业的补贴政策及申请补贴的流程。

※ 学习重点

▶ 了解发展水产养殖业的补贴政策及申请补贴的流程。

任务一 国家扶持的水产养殖项目

根据中华人民共和国农业农村部2019年发布的《关于加快推进水产养殖业绿色发展的若干意见》，以下5种水产养殖模式是受到国家扶持的。

·稻渔综合种养模式

稻渔综合种养模式充分利用光、热、水、气、土、肥、种等自然资源，生产出优质稻米和各种名优水产品等，比如种水稻时，在稻田里养殖一些稻花鱼、小龙虾、青蛙等，使效益最大化。目前，农业农村部已开始推广国家级稻渔综合种养示范区工作，并给予部分示范区政策倾斜和扶持。

• 智能渔场的智慧渔业模式

智能渔场的智慧渔业模式是一种支持发展深远海绿色养殖的模式。鼓励深远海大型智能化养殖渔场建设，体现了物联网、大数据、人工智能等现代信息技术与水产养殖生产的深度融合。

• 休闲渔业

休闲渔业集养殖、加工、流通、休闲、服务等于一体，体现了一、二、三产业的相互融合、协调发展。休闲渔业深受消费者的喜爱，但具有一定的挑战性，目前各地都在尝试发展这一模式。

· 鱼菜共生的新商业模式

鱼菜共生的新商业模式实现了蔬菜栽培与高密度鱼养殖为一体，比如鱼池上面养一些水培蔬菜，鱼产生的排泄废弃物就可以为蔬菜的生长提供丰富的营养，可实现双倍的经济效益。

图 1-2-1 鱼菜共生的新商业模式

· 渔光互补的跨界渔业模式

渔光互补的跨界渔业模式是渔业养殖与光伏发电相结合，形成“上可发电、下可养鱼”的跨界渔业模式。

任务二　水产养殖扶持补助标准

· 各类鱼苗补助标准

水产养殖中，并不是养殖所有的鱼苗都可获得补助，需满足一定的条件，且各地政策不同，补助的标准也就不一样，具体可参考如下。

罗非鱼种苗补助标准　池塘养殖罗非鱼，每亩补助 120 元，以每亩 2000 尾计算，每户最高补贴 1.2 万元；水库养殖罗非鱼每亩补助 60 元，以每亩 1000 尾计算，每户最高补贴 6000 元。

对虾种苗补助标准　对虾每亩补助 160 元，以每亩 8 万尾计算，每户最高补贴 8000 元。

石斑鱼种苗补助标准　石斑鱼等海水鱼类每亩补助 200 元，以每亩 1000 尾计算，每户最高补贴 10000 元。

以上补助标准仅供参考，具体的补助标准以当地的政策为准。

· 发展水产养殖业补贴

水产养殖机械补贴

2019 年，农业农村部和财政部预拨下达农机购置补贴款 40 亿元，在补贴资金规模扩大的同时，也扩大了农机购置补贴种类。其中，增氧机、投饵机和清淤机等三类水产养殖机械首次被纳入补贴目录。

水产良种补贴

目前，一些地方的水产良种补贴已经启动，但大多数涉及的是经济价值较高的淡水鱼类，所以如果申请水产良种补贴需要去当地相关部门咨询。

· 水产养殖业贷款贴息

水产养殖业贷款贴息政策目前只有部分地区自行制定实施，主要对灾害造成的再生产能力下降，符合地方发展要求的企业技术改革、新产品开发、固定资产投资等给予贷款贴息。

· 税收优惠

为支持、引进和推广良种，加强物种资源保护，发展优质、高产、高效的渔业，我国早在“十一五”期间就对用于培育、养殖以及科学研究与实验的进口鱼种（苗）免征收进口环节的增值税。

· 渔业发展补助

2021 年，《财政部、农业农村部发布 2021 年重点强农惠农政策》指出：“聚焦渔业资源养护、纳入国家规划的重点项目以及促进渔业安全生产等方面，重点支持建设国家级海洋牧场、现代渔业装备设施，以及国家级渔港经济区公益性基础设施更新改造和整治维护，开展集中连片内陆养殖池塘标准化改造和尾水治理，实施渔业资源调查养护和国际履约能力提升奖补等。支持实施渔业资源养护，继续在流域性大江大湖、界江界河、资源退化严重海域等重点水域开展渔业增殖放流，促进恢复或增加渔业种群的数量，改善和优化水域的渔业种群结构。”

任务三　办理水产养殖许可证的流程及注意事项

· 办理水产养殖许可证的流程

养殖户向县水产管理部门提交养殖申请书

↓

填写淡水养殖申请表

↓

报当地乡（镇、街道）人民政府签署意见

↓

县水产管理部门依法审核、实地考察，
并绘制池塘图纸

↓

渔业主管部门审核、公示、制证，报县人民政府
审核、盖章、发证

·办理水产养殖许可证的注意事项

▶ 养殖户需要到县水产管理部门提交申请书。申请时需要出示身份证复印件（养殖户或企业法人）、所在村委会证明、租赁合同或承包合同等相关证件和文件。

▶ 填写申请表，报所在乡（镇、街道）人民政府审核、盖章；之后县水产管理部门会依法审核，实地考察，并绘制池塘图纸（填写审核表、养殖证正本），报渔业主管部门审核、公示、制证，并报县人民政府审核、盖章、发证。

水产养殖补贴申请条件及流程

水产养殖的补贴申请可以找当地的农业局、农村工作办公室、财政局、农业综合开发办公室、旅游局、科学技术局、林业局、发展和改革委员会等。当然，根据具体项目的不同，要针对性地选择我们要找的部门和科室。建议各位养殖户先到当地政府的农业部门咨询，然后再申报。

项目三　常见的淡水养殖方式

※ 学习目标

- ▶ 了解常见的淡水养殖方式。
- ▶ 掌握稻渔综合种养模式、大水面生态养殖模式。

※ 学习重点

- ▶ 掌握稻渔综合种养模式、大水面生态养殖模式。

任务一　稻渔综合种养

·什么是稻渔综合种养

稻渔综合种养可以通过对稻田实施工程化改造，从而构建稻渔共作、轮作系统；通过规模开发、产业经营、标准生产、品牌运作，从而实现水稻稳产、水产品数量增加、经济效益提高、农药化肥施用量显著减少等。它是一种典型的生态循环农业模式。

图 1-3-1 稻渔综合种养模式

· 常见的稻渔综合种养模式

在稻渔综合种养模式中，稻和渔是一个相互依存、循环利用的生物链。田间的秸秆和稻蔸是鱼虾天然的栖息场所，还为鱼虾提供了丰富的食物；养殖的鱼虾能为水稻秧苗活泥增氧，鱼虾的排泄物还能为稻谷的生长提供养料。因为稻田中养殖鱼虾的关系，农户对稻田用肥用药慎之又慎、轻之又轻，所以稻渔综合种养是一种生态、环保的种养模式。

在优势互补的生物链中，水产品和稻谷的品质都得到了提升，稻米成为一种接近天然生长的生态稻。这种模式既提高了稻田的单位产出效益，也提高了农民种稻的积极性以及农民的经济收入。

目前，贵州以沟溜式稻渔养殖为主，偶有“稻+虾”“稻+蟹”“稻+鳅”“稻+鱼”“稻+鳖”“稻+蛙”等组合的种养模式。

图 1-3-2 沟溜式稻渔养殖模式

图 1-3-3 “稻+虾”模式

图 1-3-4 “稻+蟹”模式

图 1-3-5 “稻+鳅”模式

图 1-3-6 “稻+鱼”模式

图 1-3-7 “稻+鳖”模式

图 1-3-8 “稻+龟”模式

任务二　大水面生态养殖

·什么是大水面生态养殖

大水面生态养殖是利用人工水利工程建设或天然形成的大水域来发展渔业的一种渔业养殖方式，有湖泊养殖、水库养殖、河沟养殖等。目前，大水面生态养殖采用不投喂饲料的粗放式生态养殖方式，主要以保持、恢复水域渔业资源为目的，取得了较好的经济效益和社会效益。

图 1-3-9 大水面生态养殖方式

·常见的大水面生态养殖方式

当前，贵州大水面生态养殖以“‘人放天养’的放牧式养殖”为主，主要放养鲢鳙鱼种，采用“边捕边放、捕大留小”的方式进行捕捞。

图 1-3-10 湖库养殖

图 1-3-11 大水面拦网养殖

图 1-3-12 河沟筑坝养殖

任务三 工厂化循环水养殖

·什么是工厂化循环水养殖

工厂化循环水养殖又被称为设施渔业养殖、集约化养殖、高密度循环流水养殖。它是在室内用机械和电子设备控制养殖水体的温度、光照、溶解氧、pH 值、投饵量等，从而实现高密度、高产量的养殖方式。

图 1-3-13 工厂化循环水养殖模式 1

较传统的水产养殖而言，工厂化循环水养殖具有高产出、高效益和短周期等特点，但前期投入成本高，养殖户在养殖前要做好市场考察、调研和学习。

· 常见的工厂化循环水养殖方式

流水养殖模式

流水养殖模式主要控制养鱼环境，利用不断流动的水对鱼类进行养殖，主要用于养殖耗氧量高的经济性鱼类。虽然这种养殖方式对水环境污染较为严重，但目前仍是国内使用最多、养殖面积最广的工厂化养殖方式之一。

（a）　（b）

图 1-3-14 工厂化循环水养殖模式 2

半封闭式循环水养殖模式

半封闭式循环水养殖模式主要由鱼池、增氧设施、水质净化系统、消毒防病设施、水温调控设施等五部分组成，在此养殖模式下产生的养殖尾水经沉淀、过滤、消毒等简单处理后可以进行循环使用。这种养殖模式与流水养殖模式相比，降低了一部分用水量，但相较于全封闭式循环水养殖技术还有一定的差距。目前国内一部分水产养殖工厂采用的就是这种养殖方式。

图 1-3-15 半封闭式循环水养殖模式——陆基循环水养殖

图 1-3-16 半封闭式循环水养殖模式——室内养殖池

全封闭式循环水养殖模式

全封闭式循环水养殖模式是通过废水处理设备将废水净化、消毒、杀菌后，再进行循环使用的一种养殖模式。这种养殖模式虽然能节约用水、节约用地、减少环境污染、便于进行病害防治，且不受地域与环境的影响，但由于前期投入较高，目前在国内采用这种养殖模式的相对较少。

图 1-3-17 全封闭式循环水养殖模式——集装箱养殖

任务四 池塘养殖

池塘养殖是中国历史上最早的一种水产养殖方式，至今已有三千多年的历史。池塘养殖是利用人工开挖或天然的池塘进行水产经济动植物养殖的一种生产方式，且池塘养殖要投喂饵料。

图 1-3-18 生态池塘养殖

图 1-3-19 水泥池池塘循环水养殖

2

常见的淡水动物养殖技术

项目一　草鱼池塘养殖技术

※ 学习目标

▶ 掌握草鱼的形态特征、食性特点、繁殖条件以及生活习性。

▶ 了解草鱼繁殖相关技术。

▶ 掌握草鱼池塘养殖技术。

※ 学习重点

▶ 掌握草鱼的食性特点、生活习性以及草鱼池塘养殖技术。

任务一　认识草鱼

·草鱼的形态特征

草鱼体形较长，整体呈圆柱形或圆筒形，腹部圆且无棱。头部平扁且较宽，尾部侧扁。鱼嘴呈弧形，上颌略突出于下颌，下咽齿二行，侧扁，呈梳状，齿侧有横沟纹。草鱼无须，背鳍和臀鳍均无硬刺，背鳍和腹鳍相对，各鳍均呈浅灰色；鳞片圆且大，体呈茶黄色，背部青灰略带草绿，偶鳍呈微黄色，腹部呈银白色。

图 2-1-1 草鱼

（a）

（b）

图 2-1-2 草鱼头部

图 2-1-3 草鱼尾部

图 2-1-4 草鱼背部

图 2-1-5 草鱼腹部

· 食性特点

▸ 草鱼性情活泼好动，在水里游泳迅速灵敏，贪食，觅食时常成群结队，是典型的草食性鱼类。草鱼在冬季基本停止或很少摄食，肠道无食。

▸ 草鱼喜食的草类有苦草、轮叶黑藻、浮萍、黑麦草等。

图 2-1-6 苦草

图 2-1-7 轮叶黑藻

图 2-1-8 浮萍

图 2-1-9 黑麦草

任务二 草鱼的繁殖条件和生活习性

·草鱼的繁殖条件

▶ 产卵地点（自然条件下）：河流一侧的深槽水域和江河干流的汇合处。

▶ 繁殖期：4～7月。

▶ 水温：18℃左右。

▶ 产卵方式：水层中产卵，鱼体不浮露水面，被称为“闷产”。

图 2-1-10 深槽水域

·草鱼的生活习性

▶ 草鱼栖居于江河、湖泊以及池塘等水域。

▶ 草鱼栖息的水层——中下层。

▶ 草鱼在流水中产卵，产卵后的亲鱼和幼鱼在浅滩草地和湖泊、小河等水草丛生地带摄食育肥。

图 2-1-11 草鱼栖息在水层的中下层

任务三　草鱼的人工繁殖

·认识草鱼亲鱼

草鱼亲鱼

草鱼亲鱼指的是用于人工繁殖的雌性草鱼和雄性草鱼。

草鱼亲鱼雌雄的鉴别

▶ 看腹部的鳞片：雌鱼的腹部鳞片大，排列较稀松；雄鱼的腹部鳞片小，排列紧密。

图 2-1-12 雌鱼

图 2-1-13 雄鱼

▶ 看胸鳍：雌鱼的胸鳍较长，其余各鳍条逐渐短小，像扇子一样自然张开，胸鳍鳍条薄而短，只能覆盖 6 片鳞片；雄鱼的胸鳍鳍条较长，其余各鳍条逐渐变短，像尖刀一样自然张开，胸鳍鳍条厚而长，可覆盖 8 片鳞片。

▶ 看背鳍：雌鱼的臀鳍末端是自然张开的，呈波浪状；雄鱼的臀鳍开端也是自然张开，但呈平直状。

图 2-1-14 离人较远的是雌鱼，离人近的是雄鱼

▶ 看珠星：雌鱼一般不出现珠星；雄鱼在生殖的季节，性腺如果发育良好，胸鳍和鳃盖上就会出现珠星，即圆形小颗粒。

▶ 看生殖孔：雌鱼腹部十分柔软，大而圆；雄鱼在性腺成熟时，轻压它的腹部会有乳白色的精液流出。

图 2-1-15 雌鱼

图 2-1-16 雄鱼

· 亲鱼培育池塘的准备

▶ 亲鱼培育池塘的最佳水深为 2.5 ～ 3 米。

▶ 亲鱼培育池塘的环境条件：交通便利、靠近产卵池；水质好，有水源，注水和排水方便；有增氧机；少含或是不含淤泥、向阳通风。

▶ 亲鱼培育池塘需定期清洁整理。

· 催情产卵

催产前的准备工作

▶ 蓄水池、产卵池、孵化池。（维修、洗刷和调试）

▶ 催产工具、催产剂、亲鱼。

▸ 鱼苗培育和鱼苗销售的准备。

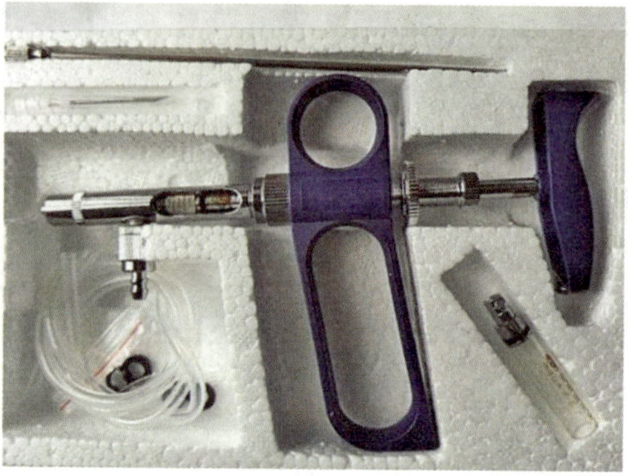

图 2-1-17 注射器

人工繁殖常用的催产剂

▸ 绒毛膜促性腺激素（HCG）。

▸ 促黄体素释放激素类似物（2 号 LHRH-A_2、3 号 LHRH-A_3）。

▸ 多潘立酮注射液。

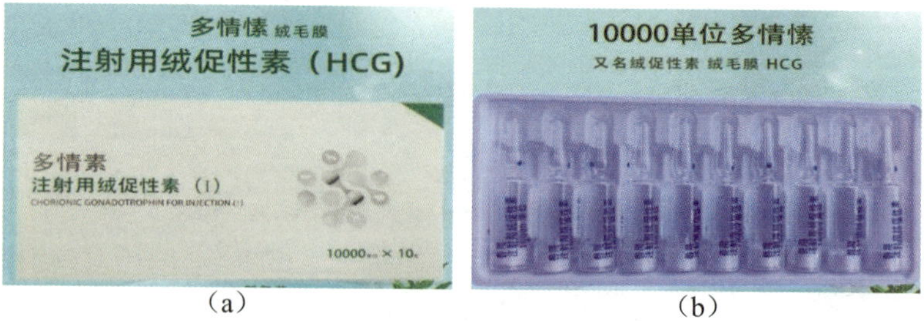

（a）　　（b）

图 2-1-18 绒毛膜促性腺激素（HCG）

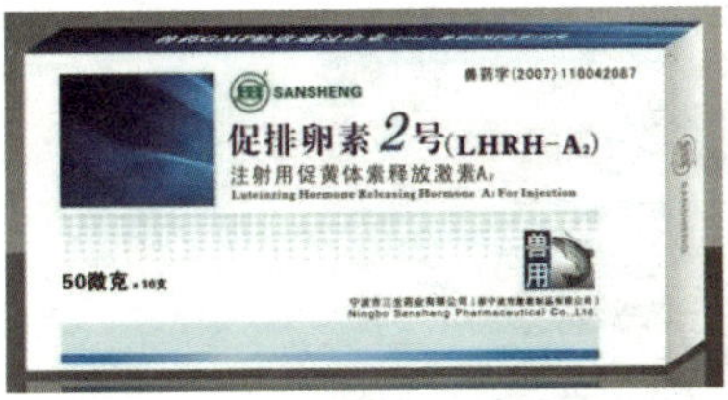

图 2-1-19 促黄体素释放激素类似物（2 号 LHRH-A_2）

图 2-1-20 促黄体素释放激素类似物（3 号 LHRH-A_3）

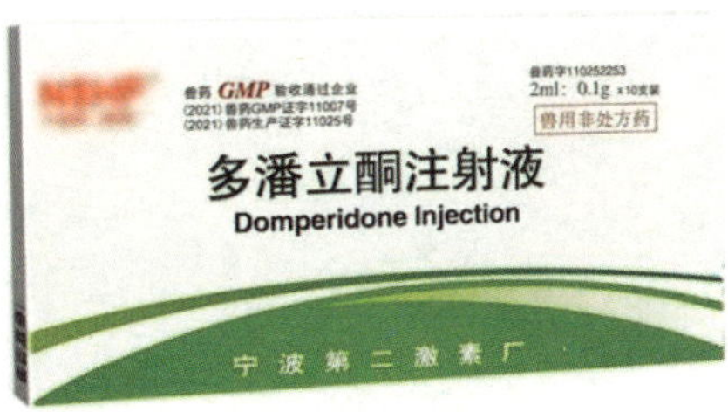

图 2-1-21 多潘立酮注射液

催产池

在当地，催产池也被称为产卵池，多数为椭圆形和圆形，催产池中还有拦鱼栅、排水管道、收卵网箱等附属设施。催产池应该建在靠近孵化道和亲鱼培育池的地方，这样便于运输亲鱼和收集鱼卵。要注意，催产池要有良好的水源和进水、排水设施。

图 2-1-22 催产产卵池

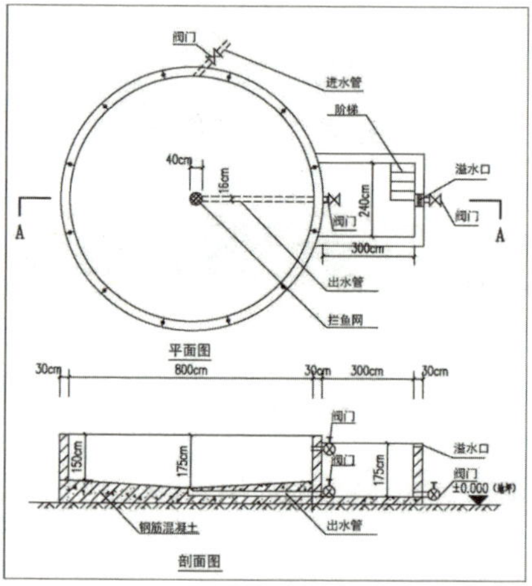

图 2-1-23 催产产卵池平面图、剖面图

图 2-1-24 产卵池和孵化池

· 亲鱼的配组和待产亲鱼的最佳选择

亲鱼的配组

▸ 雌雄鱼的配比为 1:1.5，最低配比为 1:1。

图 2-1-25 雌雄鱼合理配比

待产亲鱼的最佳选择

▸ 要选择成熟的亲鱼进行催产，同时要确保所选择的亲鱼完好无伤，而且健壮活泼。

▸ 成熟的亲鱼腹部大，有弹性且柔软。雌鱼的腹部朝上时，两侧的卵巢下垂，腹部中间是凹陷的，生殖孔呈微红色。雄鱼一般无粪便，轻轻按压腹部会有白色的精液流出，遇水即散。

图 2-1-26 成熟的雌鱼

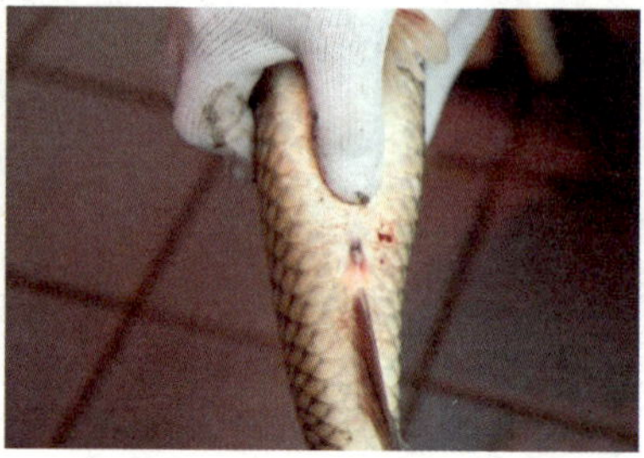

图 2-1-27 成熟的雄鱼

知识加油站

怎么鉴别亲鱼是否成熟?

首先，培育的亲鱼需在待产前两天停止进食，再用“看、摸、挤”的方法判断。

- 看亲鱼的腹部是不是大起来了，看卵巢的轮廓、流动情况和生殖孔的颜色、形状。
- 摸亲鱼的腹部是否柔软以及腹壁的薄厚及弹性状况。
- 挤雄鱼的腹部至它的生殖孔和肛门处，看看是否有粪便和精液流出。

亲鱼产后的护理建议

亲鱼被催产后体力消耗很大，而且在操作时，亲鱼会有机械损伤、鳍条撕裂、充血红肿以及鳞片脱落等现象。为避免因护理不及时而引起死亡的情况，应注意如下事项。

▶ 产后的亲鱼要放入水质清新、环境安静的池塘里暂养。

▶ 半产卵或不产卵的亲鱼，要轻轻挤压它的腹部，把卵子挤出来，疏通生殖孔。若有亲鱼受伤，要采用擦药或是注射抗菌素（按比例要求注射青霉素或磺胺噻）的方式处理伤口。

任务四　草鱼养殖的条件及饲料投喂

· 草鱼养殖的条件——池塘条件

▶ 池塘面积 5 ～ 10 亩，水深 2.5 ～ 3 米，塘基坚固，保水性能好，四周通风无高大挡阳物，池底平坦、池塘底部最好有土壤，水质和水源好，交通便利，要远离污染源。

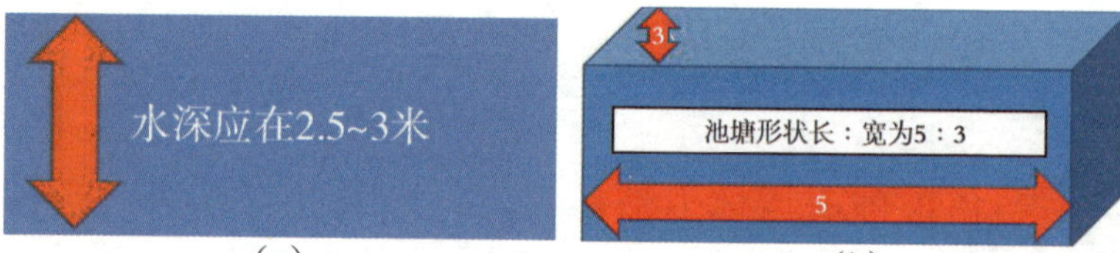

（a）　　　　　　　　　　（b）

图 2-1-28 草鱼养殖池塘的模拟图

▶ 高产养鱼池塘的养殖面积一般在 10 亩（1 亩约等于 0.067 公顷，以下不再注）左右为佳，最大不超过 30 亩，并要配备 1 ～ 2 台叶轮式增氧机。

▶ 养鱼池塘进水、排水设施图如下所示。

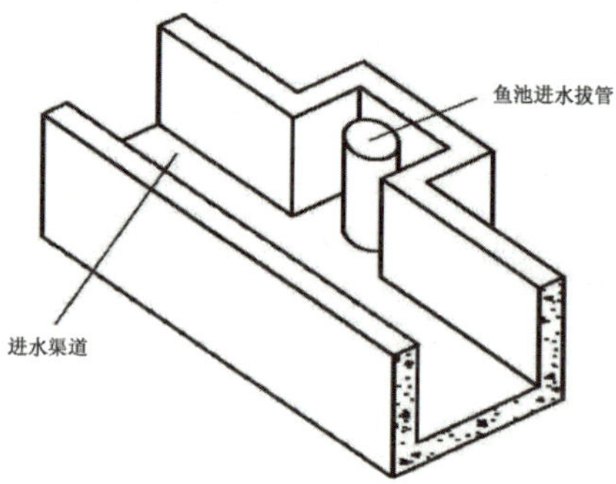

图 2-1-29 预埋 PVC 弯头拔管进水示意图

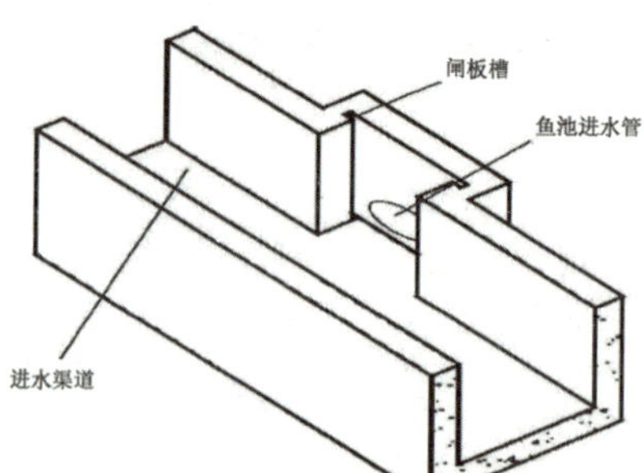

图 2-1-30 凹槽插板进水示意图

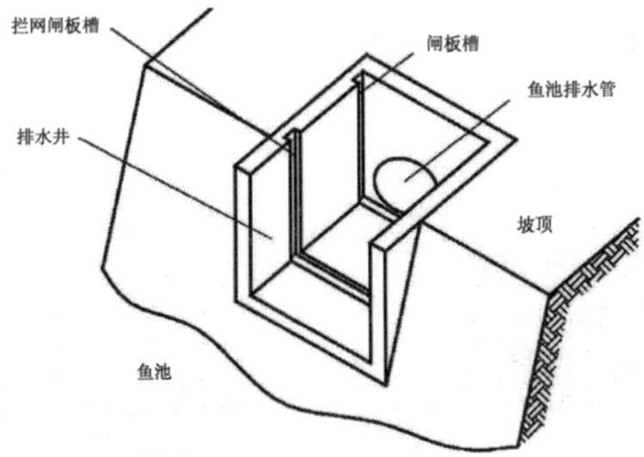

图 2-1-31 插板式排水井示意图

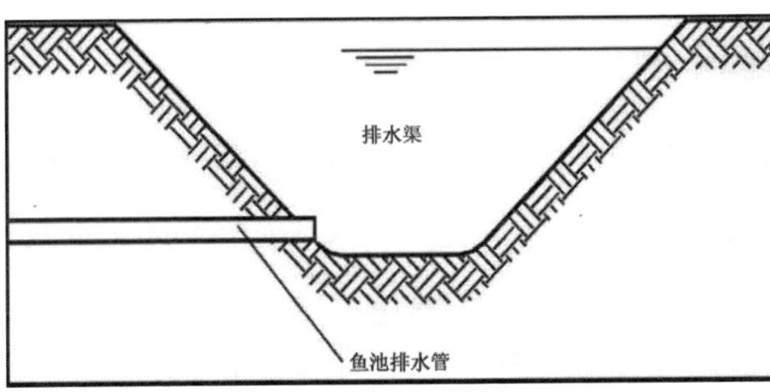

图 2-1-32 排水渠截面图

· 草鱼的饲料投喂

饲料投喂是饲养管理中比较重要的一个环节，科学的投喂不仅能保证饲料的充分利用，降低饵料系数和养殖成本，而且能降低鱼体的发病率。

饲料

图 2-1-33 鱼用硬颗粒饲料

图 2-1-34 草料

投喂饲料

颗粒饲料和草料的消化时间不同，一起投喂会导致颗粒饲料在鱼的肠道内长时间停留，进而影响鱼体对颗粒饲料的吸收。合理地规划两种饲料的投喂时间可以充分发挥它们的功效。

一般认为，投喂颗粒饲料 2 小时后再喂草料或草料吃完 1 小时后再喂颗粒饲料比较好。

图 2-1-35 两种饲料交替投喂

投喂饲料的时间

4 月	5 ～ 6 月	7 ～ 9 月	10 月	11 月
9：00 14：00	8：30 11：30 15：00	8：00 11：00 13：30 15：30	3 次	1 次

投喂饲料的次数和水温的变化成正比。

投喂饲料的方法

建议每次投喂让鱼保持七八分饱为好。如果饲料投喂停止后 3 ～ 5 分钟内，鱼群仍在饲料台边剧烈活动，就说明饲料的量不够，应追加饲料；如果饲料没有喂完就看不到什么鱼了，应及时停止，避免造成饲料浪费。

草鱼饲料的配方

草鱼饲料的配方为鱼粉 21％、豆饼 16％、菜饼 15％、小麦粉 28％、大麦粉 15％、矿物质 1％、维生素 1％、植物油 3％，养殖时要注意投喂量，具体数量要根据水温、水质、溶氧量以及鱼的摄食量等决定。

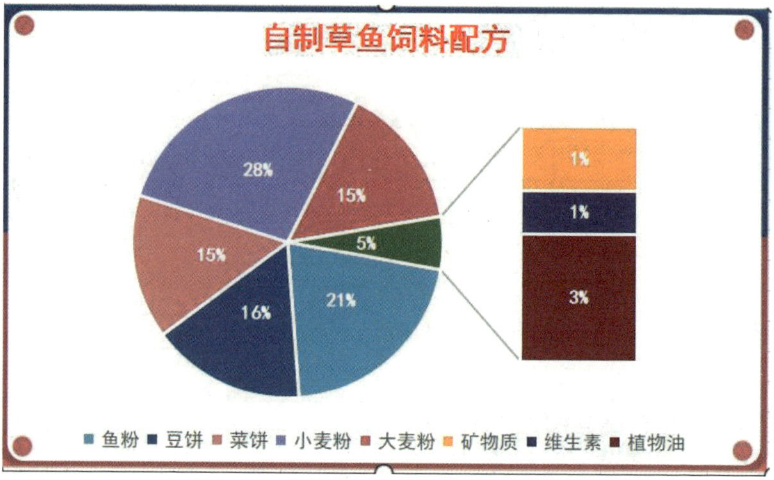

图 2-1-36 草鱼饲料配方饼状图

任务五　池塘的日常管理

·池塘水质调节技术

▶ 养殖草鱼的水质要求：池塘水质要求pH值为7.5～8.5，养殖盛期（6～9月）池水透明度保持在30厘米左右，有机物耗氧量为18毫克/升～20毫克/升。

▶ 在冬季可以通过施用有机肥、补施磷肥来调节池塘的肥力。采用泼洒生石灰水、漂白水等来调节水质。每15～20天定期泼洒生石灰水1次，用量为每亩15～25千克，使水质保持稳定的弱碱性。

· 池塘的补水和排水

补水和排水的最佳时间

清晨进行，此时水中溶氧低，水中出现分层现象。由于底泥、有机质、排泄物等的分解会耗费大量氧气，水的下层已处于缺氧状态，这时最适合排出底层水、补充新水。

补水和排水的原则

“两头少，中间多”，即春季和晚秋少补水，高温季节多补水，补水的同时要进行排水。3～4月每隔15天应该换一次水；5～6月每周换一次水，每次换水量为池塘总水量的10%～20%；6～9月的高温期间，每2天换一次水，换水量为池塘总水量20%～30%。水源充足的高温季节，可使池塘处于日交换水量在10%左右的微流水状态，确保池塘水质保持一个非常优良的状态。

补水和排水时的注意事项

▶ 每次换水量不要超过全池水量的三分之一。

▶ 换水时应将底层的污水和表层的油膜排出。

▶ 换水时应注意加入的新水水温要与池塘水温基本一致。

▶ 换水时要考虑到池塘水体中的浮游生物量，应尽可能使换水后的浮游生物量与换水前保持基本一致。

▶ 施肥、用药后两天内不要换水，开启增氧机后也不要换水，以免造成浪费。

▶ 发生病害的池塘水体未经消毒不得随意排放。

· 增氧机的合理使用

增氧机的使用原则

▶ 晴天午后开启增氧机 1 ～ 2 小时，充分发挥增氧机的搅水作用，增加池水中的溶氧量。

▶ 阴雨天气时应在夜里及时开机，避免在阴雨天的中午开机。

- 夏秋季节，黎明时适当开机。
- 当水质过肥时，在晴天清晨和中午开机。

增氧机开机和运行时间

要正确掌握增氧机开机的时间，需做到“六开三不开”。

“六开” ①晴天时午后开机；②阴天时次日清晨开机；③阴雨连绵时半夜开机；④下暴雨时上半夜开机；⑤温差大时及时开机；⑥特殊情况下随时开机。

“三不开” ①早上日出后不开机；②傍晚不开机；③阴雨天白天不开机。

· 草鱼常见病的预防和防治

草鱼的病害防治要坚持“预防为主，防重于治”的方针。第一季养殖的草鱼主要的病害是出血病、肠炎病、烂鳃病。巡塘时，如发现进水口处有草鱼集群且鱼体发黑，即为发病预兆。此时需全池泼洒漂白粉，用量为1毫克/升，连续泼洒2～3天，可防止病害蔓延。

> 关于鱼类的常见病及常见病的诊断、防治等详见本书第3章。

项目二　罗非鱼池塘养殖技术

※ 学习目标

- 了解罗非鱼的形态特征及种类。
- 了解罗非鱼的生活习性。
- 掌握罗非鱼的池塘养殖技术。

※ 学习重点

- 掌握罗非鱼池塘养殖技术。

任务一　认识罗非鱼

·罗非鱼的形态特征

罗非鱼属于热带鱼种，原产于非洲，没有鱼鳔，是世界性养殖鱼品种之一。罗非鱼生活的水温在 15 ～ 35℃左右，适宜罗非鱼生长的水温为 20 ～ 30℃左右。罗非鱼主要栖息于中下层水域，是以植物性饵料为主的杂食性鱼类。

罗非鱼体形扁，鱼鳞呈圆形，背鳍有 15 条以上的硬棘，尾鳍后缘平截式略呈弧形、不分叉。体表颜色根据其种类、环境及其生殖腺发育状况等的不同略有差别，部分罗非鱼体表和鳍上有条纹或黑色斑点，在繁殖期其体色变化显著。

图 2-2-1 罗非鱼

· 常见的适合养殖的罗非鱼种类

常见的适合养殖的罗非鱼有尼罗罗非鱼、莫桑比克罗非鱼、奥利亚罗非鱼、红罗非鱼、吉富罗非鱼、奥尼罗非鱼等。

图 2-2-2 尼罗罗非鱼

图 2-2-3 莫桑比克罗非鱼

图 2-2-4 奥利亚罗非鱼

图 2-2-5 红罗非鱼

图 2-2-6 吉富罗非鱼

图 2-2-7 奥尼罗非鱼

·罗非鱼的生活习性

食性杂

罗非鱼是以食用植物性饵料为主的杂食性鱼类。

耐低氧

罗非鱼耐低氧，当水中溶氧量为 1.6 毫克 / 升时，罗非鱼仍能生活和繁衍，但其生长会受到抑制。当水中溶氧量为 3 毫克 / 升以上时，罗非鱼可正常生长。

不耐低温

最适宜罗非鱼生长的水温为 20 ～ 30℃。当水温低于 15℃时，罗非鱼会停止摄食；当水温低于 12℃时，罗非鱼就会死亡。因此，养殖罗非鱼要特别注意越冬保暖。

性成熟早、繁殖能力强

罗非鱼性成熟早，产卵周期短，雌鱼排卵、雄鱼排精后，雌鱼把鱼卵和精子吸入口腔中进行孵育，繁衍条件要求不高。

易饲养

罗非鱼适应性强，食性杂，生长快，耐低氧，病害相对较少，比较容易饲养。

任务二　养殖罗非鱼的池塘条件

· 选塘

选择水源好、水质好，没有污染，土质优良，交通便利的地方建设池塘，池塘面积为 5 ～ 20 亩，水深为

2.5～4米，池底平坦，塘基坚固，保水性能好，四周通风且无高大的遮阳物。池塘的朝向要结合场地的地形水文、风向等因素，尽量使池面充分接受阳光照射，以满足水中天然饵料的生长需要。

图 2-2-8 拦沟建设的池塘

· 建塘

▶ 池塘形状一般为长方形，也有圆形、正方形、多角形的池塘。长方形池塘的长宽比一般为2:1或3:1，即长是宽的2～3倍。

▶ 池塘埂要做加固处理，松软的地方特别是易塌方的地方需浇筑混凝土。

▶ 一般情况下，成鱼池的面积为5～15亩，鱼种池的面积为2～5亩，鱼苗池的面积为1～2亩。

▶ 建设排水井时要注意根据池塘大小进行建设，同时要综合考虑汛期排水是否顺畅等因素。

·池塘消杀

池塘消杀操作步骤

清塘 抽干池水，清理淤泥。池塘底泥有效深度为一个耕作层，即 10 ～ 20 厘米。

图 2-2-9 清塘工具及清塘

晒塘 塘底以龟裂为佳，裂口 2 ～ 3 厘米。翻塘后直接曝晒；在池塘底部挖“田”字型或者“丰”字型排水沟，沟宽 30 厘米，深度为 40 厘米。使用水泵及时将沟内的积水抽出，加快晒塘速度。

（a）

（b）

图 2-2-10 晒塘

消杀 干池清塘，用生石灰 300 斤 / 亩，化水后全池泼洒；带水清塘，池塘需保持 1 米水深，用漂白粉 100 克 / 平方米～ 120 克 / 平方米进行消杀。

任务三 池塘养殖罗非鱼的设备选择

池塘养殖罗非鱼可以用的机械很多，但是关键的设备可概述为“一机、二泵、三机组”。“一机”即增氧机，“二泵”即排水泵和清淤泵，“三机组”即投料机组、饲料加工机组和捕捞机组。

·“一机”（增氧机）

选择恰当的增氧机。每 5 亩池塘，安装一台 1.5 千瓦的叶轮式增氧机。

·“二泵”（排水泵、清淤泵）

排水泵（用于排水）

图 2-2-11 排水泵

清淤泵（用于清理池塘淤泥）

（a）

（b）

图 2-2-12 清淤泵

・“三机组”

投料机组

投料机组用于饲料投放，投料机的位置要处于上风口，根据池塘的鱼体规格和载鱼量调节轮速。其使用要遵从“先慢、后快、再慢”的原则，尽可能让饲料快速被鱼群吃掉，以防止饲料的营养成分流失。

图 2-2-13 风送式投饲机

图 2-2-14 自动投饲机

饲料加工机组

饲料加工机组用于罗非鱼的饲料加工。

图 2-2-15 饲料搅拌机

图 2-2-16 饲料颗粒机

捕捞机组

捕捞罗非鱼使用到的捕捞机组一般为抬网捕捞机组。

（a） （b） （c） （d）

图 2-2-17 抬网捕捞机组

知识加油站

相对于传统的拉网捕鱼，抬网捕捞具有用时短、操作简单方便、所需人力少、对鱼的伤害小等优点。从理论上看，抬网捕鱼可以分为机械抬网、手工抬网和充气抬网三种，其中机械抬网效果最佳。

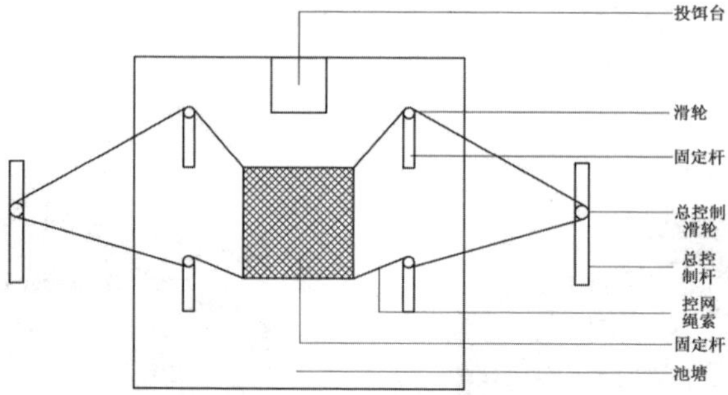

图 2-2-18 抬网机组装置图

任务四　罗非鱼的养殖技术及管理

·养殖罗非鱼的水质条件

水质调节

池塘水透明度保持在 25 ～ 30 厘米，早期水深 1.5 米，高温季节适当增加水深，控制在 1.8 ～ 2 米。每周换水两次，如果水质较差，换水量适度增加，直到水质达标为止。越冬时，水深加至 2.5 ～ 2.8 米，防止罗非鱼冻死。

放养密度

池塘养殖罗非鱼，每亩放养 800 ～ 3000 尾，一般每亩放养 1500 尾。根据放养密度大小，适当增加或减少增氧设备。养殖罗非鱼可以套养少量花白鲢控制水质。

· 罗非鱼鱼苗的选择及注意事项

养殖户养殖罗非鱼，应该从省市级以上的良种厂购买优质鱼苗。

鱼苗选择

选择规格整齐、体表光滑无伤、体质健壮、鱼体丰满、雄性率高、体长为 5 厘米左右的罗非鱼鱼苗，买来的鱼苗要使用 3%～5%的食盐水或 5 毫克 / 升～ 10 毫克 / 升的高锰酸钾溶液浸洗 5 ～ 10 分钟后，才能放进鱼塘。

图 2-2-19 优质的罗非鱼夏花鱼苗

选择罗非鱼鱼苗时的注意事项

- 按照要求选择优质的罗非鱼鱼苗。
- 鱼苗要及时消毒。
- 鱼苗捕捞、过秤、投放时，尽量带水操作，以减少在操作过程中对鱼苗造成的损伤。

·罗非鱼的饲料及投喂技术

鱼苗饲料及投喂技术

鱼苗饲料配方 粗蛋白≥40%、粗脂肪6%～9%、粗纤维≤3%、粗灰粉≤14%、含硫氨基酸≥1.5%、赖氨酸≥2.6%、总磷1%。

投喂方法 可以选择人工投喂，每天投喂两次，也可以根据罗非鱼的进食情况适当增减投喂量。

投喂前要对罗非鱼鱼苗进行驯化，驯化的方法是：敲击物体发出声音或在投料时播放音乐，目的是建立罗非鱼的投喂条件反射，按照“慢—快—慢”的节奏和“少—多—少”的投喂量，每天驯化1～1.5小时，连续驯化10天后便可进行正常投喂。

成鱼饲料及投喂技术

尼罗罗非鱼成鱼饲料配方 粗蛋白≥30%、粗脂肪5%～8%、粗纤维≤8%、粗灰粉≤13%、含硫氨基酸≥0.9%、赖氨酸1.6%、总磷1%。

成鱼投喂方法 成鱼投喂的方式分人工投喂和投料机投喂两种。建议采用投料机投喂，因为投料机投喂这一方式可以减少鱼饲料不必要的损耗，可解决因饲料过剩造成的水质污染等问题。

在投喂方法上，要讲求“四定”原则

▶ 定点：一般选在饵料台上进行投喂。

▶ 定时：选择一天当中水的溶氧量较高的时段进行投喂，也可根据水温情况定时投喂。当水温在20℃以下时，每天投喂1次，时间在9：00或15：00；当水温在20～25℃时，每天投喂2次，在8：00及14：00；当水温在25～35℃时，每天投喂3次，分别在8：00、14：00和18：00；当水温在35℃以上时，每天投喂1

次，时间选在9：00。

▶ 定量：按饲料使用说明，根据池塘条件及鱼类品种、规格、重量等确定日投喂量，每次投饲以80%～85%的鱼群食后游走为准。

▶ 定质：蛋白质是鱼类生长所必需的、最主要的营养物质之一，蛋白质含量也是鱼饲料质量的主要指标之一。蛋白质含量高的饲料可适当减少投喂量，而蛋白质含量低的饲料应增加投喂量。

· 日常管理

▶ 每天早、中、晚测量水温、气温，每周测 1 次水的 pH 值、测 2 次水的透明度。

▶ 坚持每天早、晚巡塘，观察鱼吃食的情况和水质变化情况，以便决定投饲的数量。

▶ 观察鱼体，如发现鱼出现病状，要及时防治。

▶ 当池水水面泡沫增多、鱼由静止突然乱窜且浮头严重时，说明鱼缺氧了，此时要及时加注新水或使用增氧机增氧。

· 运输管理

运输罗非鱼一般会使用到带水箱的车辆、装鱼箱、氧气及曝气装置等。

(a) (b)

图 2-2-20 鲜鱼运输车

(a) (b)

图 2-2-21 装鱼箱

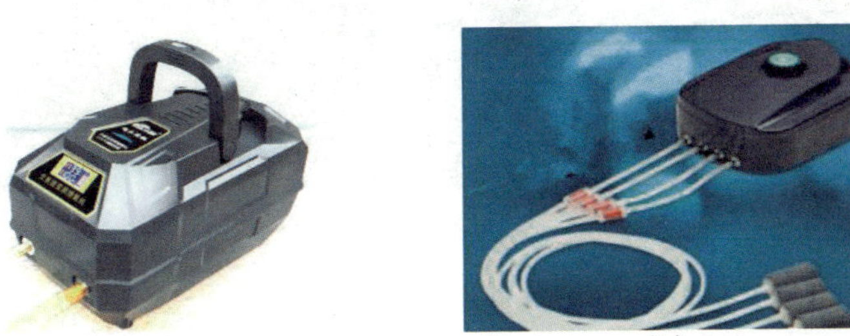

(a) (b)

图 2-2-22 氧气及曝气装置

知识加油站

罗非鱼越冬技术

罗非鱼不耐寒，为预防罗非鱼被冻死，需要保证越冬期间池塘的水温在16℃以上。如果水温条件达不到，则不建议进行越冬养殖，可以在水温降到15℃之前完成收鱼。如未完成收鱼，则在快入冬时，采用罗非鱼越冬技术以保证罗非鱼生长所需要的温度。越冬技术主要包含以下几点：

- 加深鱼塘水至2.5～3米。
- 在池塘风口搭建挡风棚。
- 在池塘的水面上围养水葫芦，阻止鱼塘水上下对流，保持塘底温度。

图 2-2-23 挡风棚

图 2-2-24 水葫芦

任务五　罗非鱼常见的疾病及其防治方法

·罗非鱼车轮虫病、斜管虫病（俗称“烂鳃病”）

图 2-2-25 罗非鱼烂鳃病症状

罗非鱼的烂鳃病发病季节一般在夏季，该病是由多种车轮虫寄生于罗非鱼鳃部感染引起的，患病症状为罗非鱼鳃组织损坏。

防治方法

- 预防：用驱虫中草药拌料内服。
- 治疗：用阿维菌素（有效成分含量为1%）进行治

疗，用 20 毫升 / 亩 • 米水深～ 50 毫升 / 亩 • 米水深，全池泼洒，连用 3 天。

图 2-2-26 阿维菌素

· 罗非鱼水霉病

罗非鱼水霉病在一年中都有可能发生，而 2 ～ 5 月最易发生，患病症状为罗非鱼体表菌丝大量繁殖呈絮状、寄生部位充血。

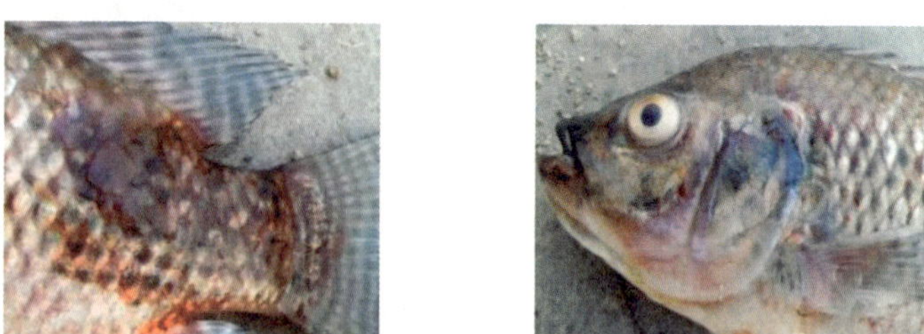

（a） （b）

图 2-2-27 罗非鱼水霉病症状

防治方法

用硫醚沙星按照100毫升/亩·米水深～200毫升/亩·米水深的比例，全池泼洒，每天1次，连续5天。

·罗非鱼链球菌病

罗非鱼链球菌病一般发生在水温为25～28℃时，其症状为鱼体体色发黑、运动失衡、眼球外突、角膜浊白、肛门红肿等。

（a）　（b）

图2-2-28 罗非鱼链球菌病症状

防治方法

▶ 内服：每千克饲料中加入氟苯尼考3克、强力霉素3克、三黄散5克，拌料投喂，连用3天。

▶ 外消：用聚维酮碘按照500克/亩·米水深的比

例，全池泼洒，每天 1 次，连续 5 天。

• 罗非鱼细菌性皮肤溃烂病

细菌性皮肤溃烂病一般是由高密度养殖而引起的，在越冬期间最易发生。其症状是体表充血、鳞片脱落、皮肤溃烂等。要防治此病，应该将病鱼捞出隔离并适当控制鱼的养殖密度。

（a） （b）

图 2-2-29 罗非鱼细菌性皮肤溃烂病症状

防治方法

要防治罗非鱼细菌性皮肤溃烂病，早期改良水质、保持水温稳定，且投喂优质饲料，鱼体就会慢慢变好。如果此方法不行，建议消毒水体。按照每亩 1 米水深用 666.7 ～ 1333.4 克漂白粉（有效氯在 28％以上）全池泼洒，每天 1 次，连续 2 天。

项目三　鲤鱼稻田养殖技术

※ 学习目标

- 了解鲤鱼的形态特征。
- 了解稻田养鱼的相关知识。
- 掌握稻田养鱼的技术。

※ 学习重点

- 掌握稻田养鱼的技术。

任务一　认识鲤鱼

·鲤鱼形态特征及生活习性

形态特征

鲤鱼的鱼体比较长，略微侧扁。有两对须，下咽齿呈臼齿形。背鳍较长，背鳍、臀鳍均有粗壮的锯齿状硬刺。

图 2-3-1 鲤鱼

生活习性

鲤鱼生性好动，喜弱光，耐低氧。当水中溶氧量充足时，鲤鱼经常相互追逐，有时还会跃出水面。

图 2-3-2 水稻遮光，喜弱光

图 2-3-3 耐低氧

图 2-3-4 追逐抢食

图 2-3-5 跃出水面

· 食性

▸ 鲤鱼属杂食性鱼类，幼鱼主要摄食轮虫、甲壳类及小型无脊椎动物等。

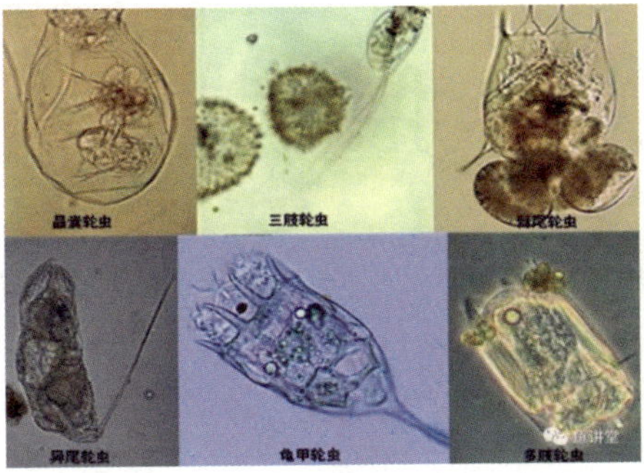

图 2-3-6 轮虫

▸ 成鱼主要摄食螺、蚌、蚬等软体动物和水生昆虫的幼虫、小鱼、虾等，也食一些丝状藻类、水草、红薯、谷物和人工配制饲料等。

图 2-3-7 螺蛳

图 2-3-8 河蚌

图 2-3-9 丝藻

图 2-3-10 水草

图 2-3-11 人工配制饲料

图 2-3-12 红薯

图 2-3-13 谷物

知识加油站

稻田养鱼的养殖方式

稻田养鱼的养殖方式主要分为共作和轮作。

▸ 共作：在同一稻田中，种植水稻和水产养殖同时进行的生产方式。

图 2-3-14 稻鱼共生

▶ 轮作：在同一稻田中，有序地在季节间或年间轮换种植水稻进行水产养殖的生产方式。

图 2-3-15 只种植水稻

图 2-3-16 只养殖鱼类

任务二　鲤鱼的稻田养殖技术及疫病防控

· 田间工程

田块选择与田埂改造

田块选择　养鱼稻田必须要水源充足，排灌方便，保水性能好，单块稻田面积在 1 亩以上为好。

图 2-3-17 充足的水源，排灌方便

图 2-3-18 地势平坦，土壤保水性强

田埂改造 加高加固田埂，埂高 0.5 米、宽 0.3 米左右为好，捶打结实，最好用混凝土硬化。

（a） （b） （c）

图 2-3-19 施工图

田间内部改造

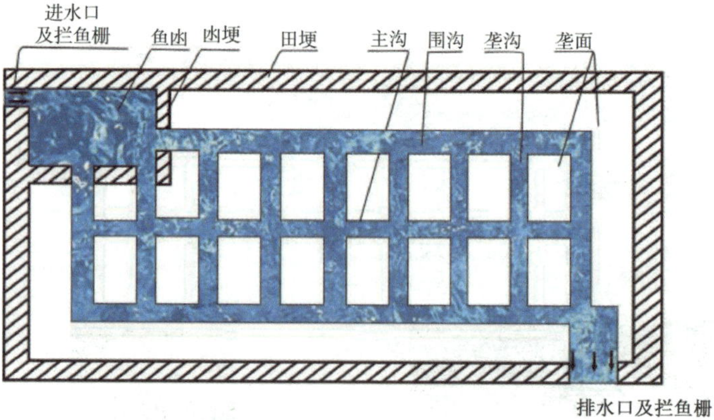

图 2-3-20 田间内部改造

1. 进排水系统改造

进排水口一般设在稻田的对角线上，以保证水流畅通。进排水口大小根据稻田进排水量而定，夯实进排水口，防止漏水。进排水口前面要有垃圾过滤网，以防垃圾堵住水口。

（a）　　（b）

图 2-3-21 进排水口

2. 开设鱼沟

▶ 在稻田里根据田块开挖鱼沟，沟宽 0.5 ～ 0.8 米，深 0.4 ～ 0.8 米，主沟开在田中央，沟的形状根据田块的形状和大小而定，沟的面积不超过稻田面积的 10%。

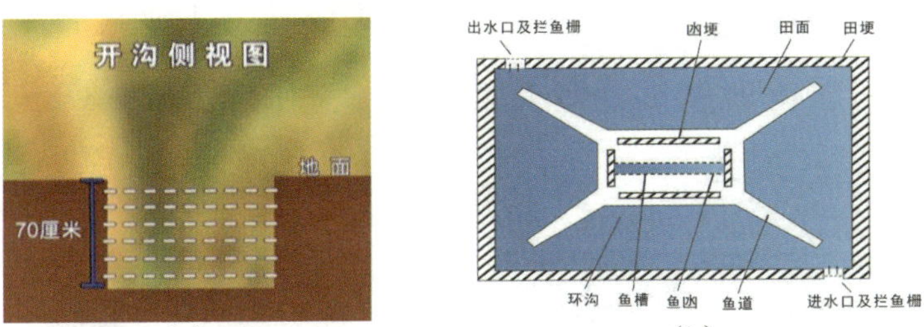

（a）　　（b）

图 2-3-22 鱼沟图

▶ 鱼沟开挖形状有“十”“井”“工”或“田”字形，处处相通。在交汇处需多出 1 ～ 2 平方米。

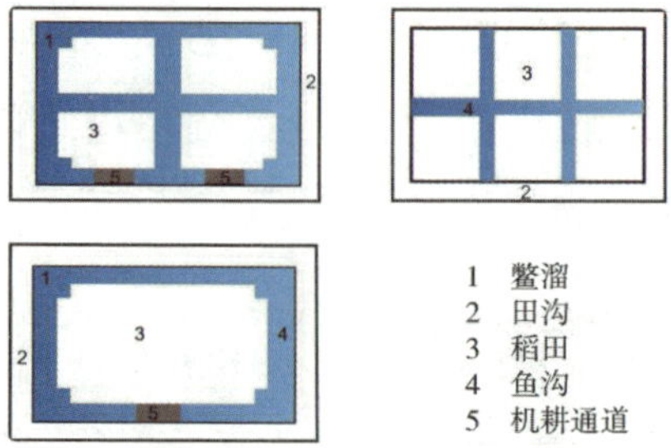

图 2-3-23 各种形状的鱼沟

3. 防逃设施

在进排水口处安装拦鱼栅，防止鱼逃走，防止野杂鱼、敌害等进入养鱼稻田。

拦鱼栅的形状以“︵”或“∧”为好，用竹篾、金属丝、树枝条等材料编织而成。鱼栅宽度和高度视稻田排水口而定，一般以 120 厘米宽、80 厘米高为宜。孔目视饲养鱼类的规格而定，一般 3 ～ 10 厘米的鱼，鱼栅孔目为 0.5 厘米。鱼栅如安装在进水口处则凸面向外；如安装在出水口处则凸面向里，鱼栅入泥深度一般在 20 ～ 35 厘米。

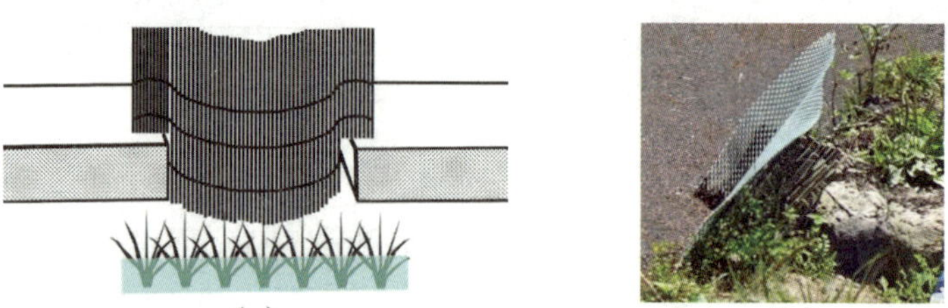

（a）　　　　（b）

图 2-3-24 防逃设施

·鲤鱼鱼苗、饲料及日常管理

鲤鱼苗种选择

坚持按“就近采购、就近投放”的原则选择苗种。应选用体表光洁、体质健壮、规格整齐、附肢齐全、健康无病等性状好的水产苗种，尽量避免选用多年自繁自育、近亲繁殖的苗种。

（a）　（b）　（c）

图 2-3-25 体质健壮的鲤鱼夏花

水稻品种选择

▸ 水稻可选择中浙优 8 号、野香优 3 号、桂育 9 号、桂禾丰、科两优 1 号、昌两优 8 号等品种。

▸ 配套施肥技术。按“基肥为主，追肥为辅”的原则，每亩选用有机肥 150 公斤作为基肥（根据田力进行调整），追肥也以有机肥为主，坚持“少量多次”原则。

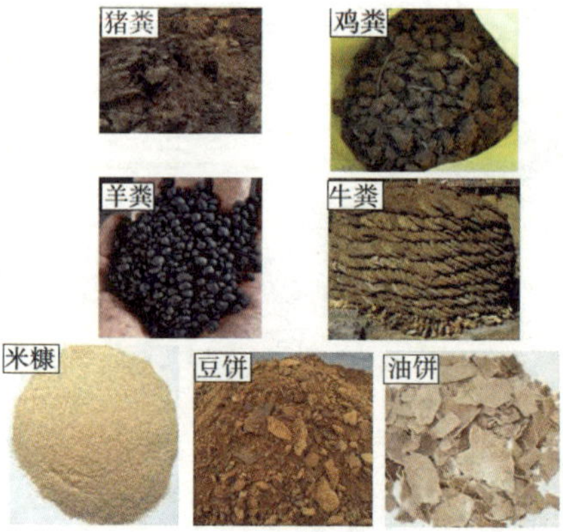

图 2-3-26 常见的有机肥

鲤鱼苗种运输

鲤鱼苗种在运输前需要停食大概 12 ～ 24 小时。一般用袋装充氧，密度不要过大以防挤压引起外伤等。运输过程中要注意观察鱼的活动情况，若有浮头、死亡等，需要及时换水，并清除死鱼。

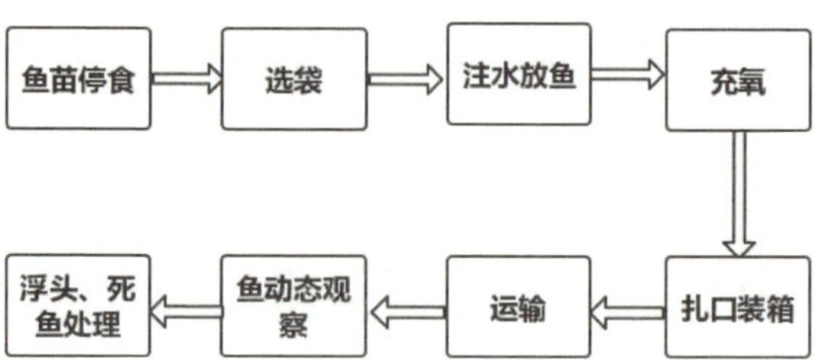

图 2-3-27 鱼苗运输流程图

鲤鱼苗种投放

▶ 以鲤鱼为主，适当搭配一定数量的草鱼、鳅、鲢、鳙、蛙等。

▶ 时间：水稻秧苗返青后。

▶ 鱼苗规格：100 ～ 150 克 / 尾，亩放养量在 5 ～ 7.5 公斤。

▶ 水温调节：将运输水温与田间水温温差调节至 1℃以内。在收稻谷后，继续进行稻渔轮作养殖的，捕大留小，加高水位，补充苗种，投喂饲料。

▶ 投放流程：①先把装鱼苗的袋子放入放养的水中，让鱼苗适应水温；②取稻田水，放入鱼苗，用食盐水消毒；③先放入主养鱼苗——鲤鱼；④最后投放搭配鱼苗（如草鱼、鳅、鲢等）。

图 2-3-28 先把装鱼苗的袋子放入放养的水中，让鱼苗适应水温

图 2-3-29 取稻田水，放入鱼苗，用食盐水消毒

图 2-3-30 先放入主养鱼苗——鲤鱼

图 2-3-31 最后投放搭配鱼苗

鲤鱼的饲料

农家饲料 包括米糠、菜枯、酒糟、剩饭、剩菜等。

配方饲料 主要成分有麸皮、豆饼、大麦、鱼粉、米糠、复合维生素等，添加复合维生素、无机盐、赖氨酸、蛋氨酸等。

日常管理

▸ 养鱼稻田水深应保持在 10 厘米左右，随着水稻生长、鱼体长大，适当加深水位，此时稻田水位至少控制在 15 厘米以上。

▸ 稻田保水不及池塘，所以需定期加水，当水温达到 35℃以上时，应及时换水降温或适当加深田水。高温季节需每周换水一次，并注意调高水位。

▸ 要坚持勤巡田、勤检查，防止田埂漏水或水漫田埂，及时清理注水口、排水口的杂物，使水进出流畅；

严防蛇、老鼠等敌害入田伤鱼。

▶ 科学投饲：鱼苗下田三天内充分利用稻田中的浮游生物作为食物，三天后有条件的农户可投喂适量鱼饲料或农家饲料。每天 15：00 ～ 16：00 投喂一次，前半个月日投喂量为 0.5 斤，之后慢慢增加到 1 斤；水稻扬花后，加深水位，让鱼能充分吃到散落至水中的稻花，有条件的农户辅以诱虫杀虫灯补充鱼的食物。

图 2-3-32 太阳能杀虫灯

图 2-3-33 黑光诱杀虫灯

图 2-3-34 诱蛾灯

图 2-3-35 收集诱杀的虫

· 鲤鱼的疫病防治

稻田养鲤鱼出现的病症主要是鱼苗机体受伤后引发的水霉病、鳃霉病、烂鳃病与赤皮病等。具体症状与防治方法详见本书第 3 章的相关内容。

小提示

▶ 把烟叶扎成一捆置于进水口周围，可预防鲤鱼患水霉病、鳃霉病、烂鳃病与赤皮病。

（a） （b）

图 2-3-36 烟叶预防鲤鱼患病

▶ 鲤鱼寄生虫性疾病可将苦楝叶浸泡在投喂鲤鱼饲料的地方进行防治或在进水口处挂一袋敌百虫药物。

（a） （b）

图 2-3-37 苦楝叶预防鲤鱼患病

· 鲤鱼的捕捞

少量捕捞

在养殖过程中对鲤鱼进行少量捕捞时，我们可以用传统的捕捞工具。

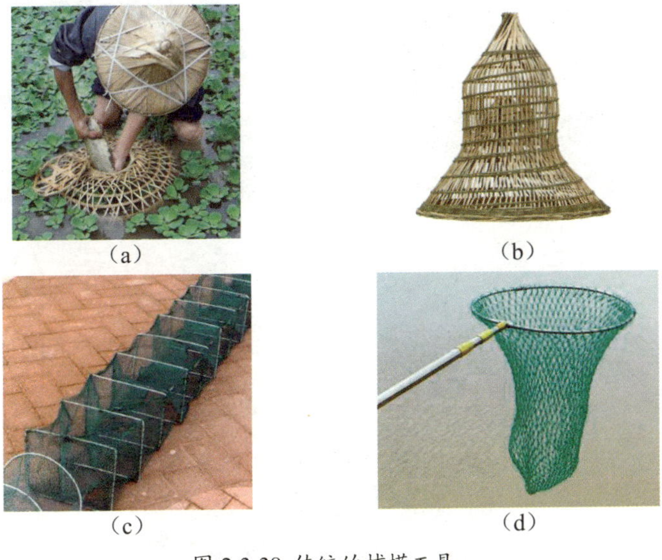

图 2-3-38 传统的捕捞工具

适时捕捞

▶ 捕鱼前先把鱼沟疏通，使水流畅通，确保鱼能自行进入鱼沟、鱼溜，在排水口处使用小网就能收鱼了。

图 2-3-39 鱼随水位进入鱼沟鱼溜

图 2-3-40 鱼沟里捕鱼

（a）

（b）

图 2-3-41 排水口放网收鱼

▶ 若捕捞在水稻收割前进行，为了将鱼捕捞干净，且不影响水稻生长，可进行排水捕捞。

图 2-3-42 降水位后鱼随水进入鱼沟

图 2-3-43 排完水后鱼沟里的鱼

▸ 在排水前要先疏通鱼沟，然后慢慢放水，让鱼自动进入鱼沟随着水流排出后捕获。如一次捕不干净，可重新灌水，再捕捞一次。

图 2-3-44 重新注水后收获余留在鱼沟里的鱼

· 注意事项

饲料管理

鲤鱼的饲料必须存放在干燥通风的地方，防止饲料发生霉变。霉变的饲料不能投喂鱼或其他动物，必须进行无害化处理。投喂的粗饲料必须进行加工处理，如必须让米糠吸满水后才能进行投喂，不能投喂带油的剩饭，菜枯必须发酵脱毒后才能投喂等。

死鱼处理

稻田中出现死鱼时，必须将死鱼打捞出田并进行无害化处理。

捕鱼后的处理

捕起的鲤鱼应及时冲洗干净，以免鲤鱼鱼鳃上沾泥影响成活率。洗净后放入网箱里暂养，待鱼休息片刻后，再分品种、档次，过秤、测量、记数。

项目四　鳙鱼大水面生态养殖

※ 学习目标

- 了解鳙鱼的基本特征。
- 了解大水面生态养殖模式。
- 掌握鳙鱼大水面生态养殖技术。

※ 学习重点

- 掌握鳙鱼大水面生态养殖技术。

任务一　认识鳙鱼

· 鳙鱼生物学特性

外形特征

鳙鱼俗称大头鱼，头部极大，头前部宽阔，头的长度大于体高，无须。体腹部呈灰白色，腹鳍基部前较圆，腹鳍基部至肛门有狭窄的腹棱。背部及体侧上半部微黑，有许多不规则的黑色斑点。各鳍呈灰色，鱼鳞细小。

图 2-4-1 鳙鱼

生活习性

鳙鱼分布在淡水湖泊、河流、水库、池塘的中上层水体，属温水性鱼类，性温驯。

滤食性鱼类

鳙鱼主要以轮虫、枝角类、桡足类（如剑水蚤）等浮游动物为食，兼食部分浮游植物。

·鳙鱼的营养价值

鳙鱼是一种高蛋白、低脂肪、低胆固醇鱼类，鱼体中富含钙、磷、铁、维生素 B_1、卵磷脂等营养物质。鱼脑中的鱼油能够改善大脑机能，增强记忆力，并且能减缓人体衰老。

图 2-4-2 鳙鱼

图 2-4-3 剁椒鱼头

· 鳙鱼的经济价值

目前，鳙鱼成鱼的市场价格在 9 元 / 斤以上，10 ～ 15 厘米长的幼苗价格在 0.5 元 / 斤左右，1 ～ 1.5 斤的鱼苗单价在 6 元 / 斤左右。鳙鱼是滤食性鱼类，靠摄食浮游生物生长，整个养殖过程中不需要喂料，养殖密度受水体肥瘦限制，单产量不高。目前在天然湖泊、水库人工增养鳙鱼可实现"年初放养、年末收获"，而且养殖投入主要是购买鱼苗。养殖鳙鱼是一个低投入、中产出、高效益的项目。

任务二 大水面生态养殖技术

·基本概念

大水面

大水面通常指国内水域面积不少于5000亩的湖泊、水库、江河、河道等，人工开挖的池塘和建造的养殖槽等水体除外。

图 2-4-4 大水面水域

大水面生态养殖

大水面生态养殖是一种根据水库、湖泊的自然承载能力，通过人工增殖放养滤食性鱼类，合理搭配品种及密度，采取“不投饵、不投药、不施肥，人放天养”的养殖模式，最终实现以鱼养水的生态养殖模式。

大水面养殖鱼类回捕

大水面养殖鱼类回捕是指在当地渔业行政主管部门的批准和监督下对大水面人工增养的鱼类进行捕捞的作业。

·养殖场的选择及双道拦网养殖技术

养殖场的选择

在水域面积不少于 5000 亩的湖泊、水库、江河、河道等天然水体中，选择湖汊、库汊、河汊等静水区或者水面较宽阔、表层水流较平缓的河道，且要避开主泄洪道、主航道、水流湍急等不易建设拦河网的河道或库汊。

养殖区水域面积越大越好，最好在 1000 亩以上，光照充足，水质无污染、水体交换较快，浮游生物丰富。

双道拦网养殖技术

在库湾的静水区湾口或者汊口处搭建双道拦网，拦网采用网目为 3 厘米的聚乙烯双层结节网片，网片结节为双死结，网上纲串连泡沫球，使网上纲漂浮在水面上，用网底纲和网片编织成无数个独立的石笼，小石笼里放入水泥制成的水泥方块，使网底纲很好地镶嵌进河底，防止鱼儿从网底逃跑。

在距离内拦网10米至20米处再设置一道外拦网，使两道拦网之间形成一个缓冲区，如果主河道内的树枝或者硬物戳破内网，双道拦网可以有效防止鱼逃逸。

图 2-4-5 双道拦网内网

·养殖管理

申请备案

鱼苗放养前，必须向当地渔业主管部门申请备案放养品种、放养数量、预计放养时间等，待同意批准后方可进苗，且在鱼苗到达养殖场前，需要向当地县级渔业行政主管部门提交采购鱼苗的动物检疫合格证。成鱼回捕时，需提前15天向当地县级渔业行政主管部门申请报备，待同意批准后方可回捕。

放养时间

鱼苗一般在2～3月天气晴朗的早上投放，因为早上气温较低，鱼的应激反应小，同时随着气温回升，水温逐渐升高，浮游生物开始大量生长繁殖，鱼苗可获得充足的天然饵料。但是，不同地区需结合气温和水的肥瘦度进行科学投苗。

放养品种

主要放养鳙鱼，实行单养，也可以搭配养殖少量青鱼，以避免螺蛳等生物附着在拦网上堵塞网眼、增加网重，影响水体交换和拦网承重。严禁放养外来品种和未经放养许可的品种。

放养规格及密度

一般放养规格为0.5～1千克体格健康、规格整齐的鳙鱼鱼苗，每亩放养10～20尾。不同地区可以结合养殖水域的肥瘦科学合理调整鳙鱼的放养规格和密度。

鱼种消毒

放养鱼苗前，用3%～5%的食盐水浸洗鱼苗消毒

10 ～ 15 分钟，杀灭体表病原菌，然后将鱼苗缓慢倒入水库，尽量减少鱼因水温差而引起的应激反应。

（a）　　　　（b）

图 2-4-6 鱼苗投放

日常管理

早、中、晚日常巡查，注意观察鱼的情况，及时清理水面死鱼、树枝及其他杂物。经常检查拦河网是否有破损，有破损的要及时修补，防止鱼逃逸。加强夜间巡查管理，防止鱼被盗或设施被人为破坏。

回捕规格和时间

成鱼上市规格一般在 1.5 千克以上，可常年回捕，集中回捕时间最好是在 11 ～ 12 月。因为此时气温降低，水温下降，浮游生物生长繁殖缓慢，天然饵料减少，水体偏瘦，不利于鳙鱼生长。起网和装车时间应选在晴天早上或傍晚，减小鱼的应激反应，从而便于运输。

回捕方式

一般采用“赶、拦、刺、张”回捕，也可以结合养殖水域的实际情况来定。在回捕鳙鱼的过程中如果误捕获到其他鱼则一律将其放回水库中。

（a）　（b）

图 2-4-7 鳙鱼回捕

图 2-4-8 鳙鱼销售（装鱼车）

项目五　加州鲈鱼陆基圆桶工厂化循环水养殖

※ 学习目标

- 掌握加州鲈鱼的基本特征。
- 了解陆基圆桶工厂化循环水养殖及其系统。
- 掌握加州鲈鱼陆基圆桶工厂化循环水养殖技术。

※ 学习重点

- 掌握加州鲈鱼陆基圆桶工厂化循环水养殖技术。

任务一　认识加州鲈鱼

加州鲈鱼是一种优质的淡水鱼类，具有适应性强、生长快、易起捕、养殖周期短等优点。其肉质鲜美细嫩，无肌间刺，外形美观，深受养殖者和消费者的欢迎。

图 2-5-1 加州鲈鱼

· 加州鲈鱼的生物学特性

外形特征

加州鲈鱼原名大口黑鲈。口大，头部有密密麻麻的黑色斑。牙锐利，体侧扁，呈纺锤形，青绿色。背部呈墨绿色，肉较厚，背中部散布着密密麻麻的黑色斑，呈带状排列。

生活习性

加州鲈鱼喜欢栖息在浑浊度低的淡水湖泊、河流、水库、池塘等中下层水体中。可在水温 1 ～ 36.4℃下存活，最适生长温度为 20 ～ 30℃。加州鲈鱼需氧量高，水体溶氧量低于 1.5 毫克时会出现缺氧。性情温驯，不喜跳跃，易受惊吓。

食性

鲈鱼属于肉食性鱼类，刚孵化的幼鱼主要以轮虫等浮游动物为食，鱼苗到成鱼阶段主要捕食小型甲壳动物、小鱼、小虾等，在食物匮乏的环境中会互相蚕食。

・加州鲈鱼的营养价值

加州鲈鱼富含蛋白质、脂肪、碳水化合物、维生素 B_2、烟酸和微量的维生素 B_1、磷、铁等营养物质。食用鲈鱼能补肝肾、健脾胃、化痰止咳等功效，还具有缓解胎动不安、产后少乳等作用。加州鲈鱼吃法多种多样，常见的有红烧鲈鱼、糖醋鲈鱼、香煎鲈鱼、清蒸鲈鱼等。

图 2-5-2 清蒸鲈鱼

· 加州鲈鱼的经济价值

加州鲈鱼养殖是一个高投入、高风险、高效益的项目。虽然每斤加州鲈鱼的市场价稳定在 20 ～ 25 元，养殖成本价在 10 ～ 15 元，利润有 10 元左右，经济价值高，但是养殖加州鲈鱼对养殖环境、养殖技术要求高，所以也是一个高投入、高风险的项目。

任务二　陆基圆桶工厂化循环水养殖

· 陆基 PE 圆桶循环水养殖

陆基 PE 圆桶循环水养殖是指依靠现代工程、机电、生物、环保及饲料等多学科技术，在陆地上用 PE 材质替代集装箱或水泥圆池等材料构建相对封闭的养殖空间，利用过滤、曝气、生物净化、杀菌消毒等物理、化学及生物方法，处理、去除代谢产物和饵料残留，使水得到净化并能循环使用，少量补水，进行水产动物高密度强化培育的新型循环水养殖模式。

相较于传统养殖，陆基 PE 圆桶循环水养殖具有高密度、精品质、低风险、全资源集约、操作简便等优势，一般用于饲养经济价值高的品种，如鲈鱼、鳜鱼、黄颡鱼等。

▶ 低碳环保。同样的生物负载下，工厂化循环水产养殖耗能远低于传统水产养殖耗能。同时没有养殖废水排出，不会对环境造成二次污染。

▶ 高密度、高效率。工厂化水产养殖所占的土地面积比传统水产养殖所占的土地面积少，而养殖密度大幅度提高，相同面积的水体，经济产出可以比传统水产养殖高出几十倍。

▶ 不受气候、水质等因素的影响和制约。可以通过人工调控养殖环境，实现一年之中多轮下苗，成鱼上市时间不受季节、气候影响，可以在价格高位时期上市。

▶ 疾病少，容易控制。相对封闭的养殖空间能有效隔离病害、控制病原的侵入，及时有效调控水质，降低水产养殖过程中病害爆发的风险。

▶ 节约养殖成本。广泛使用集约化、自动化设备，可以减少水产养殖过程中的饲养成本，如饲料成本、人工成本等。

· 陆基圆桶工厂化循环水养殖系统

陆基圆桶循环水工厂化养殖主要由机械过滤系统、

生物过滤系统、杀菌系统、恒温系统、增氧系统、水质检测系统（预警系统）、养殖废水再利用系统、动力系统、监控系统等九大系统构成。

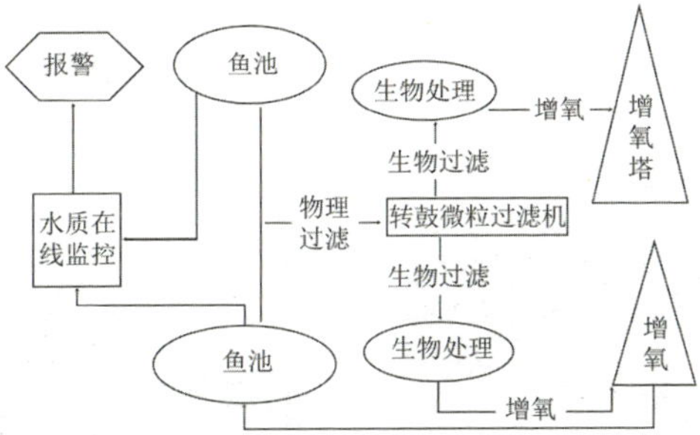

图 2-5-3 陆基圆桶循环水养殖系统

机械过滤系统

过滤设备不断循环，将水中鱼类的粪便及残留的饲料等固体颗粒及胶体状物质过滤分离出来，避免它们留在水体中继续分解从而产生对鱼体有害的氨氮等物质。常见的过滤设备有微滤机、蛋白质分离器、过滤砂缸、精密过滤器等。

图 2-5-4 物理过滤系统（微粒过滤机）

生物过滤系统

利用特定的生物培养器，培养有益菌群，利用有益菌群分解吸收养殖水体中的有害物质（如氨氮、有机物、无机盐等），从而达到循环水可持续利用的目的。

图 2-5-5 室内生物过滤系统（细菌过滤池）

图 2-5-6 露天生物过滤系统（生物过滤桶）

杀菌系统

通过一定的物理、生物、化学等技术处理，抑制或杀灭有害细菌，使养殖水体中的生物细菌菌落达到一定的良性动态平衡，从而减少养殖病害突发等风险。

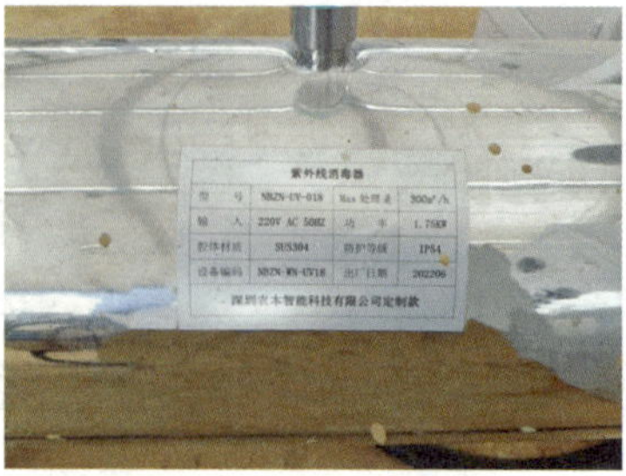

图 2-5-7 紫外线消毒设备

恒温系统

通过人工调控水体温度，使养殖水温度控制在最适合鱼类生长的温度范围内。常见的恒温热源有锅炉、地暖、空气能或地缘的冷暖机。

增氧系统

由氧气源和增氧设备组成。常见的增氧方式有气石曝气、射流器溶氧等。

图 2-5-8 锥形增氧塔

水质检测系统（预警系统）

水质检测系统也被称作“水质监控系统”，它由一系列的电子设备及对应的配件组成，主要检测水体温度、pH 值、氨氮、亚硝酸盐、盐度、溶氧度、硬度等指标。水质检测设备能实时、准确地提供水体各项指标数值，养殖员能够及时、有效地调节养殖水体水质，使水质保持在有利于鱼体生长的范围，减小鱼发病的概率。

图 2-5-9 水质检测系统

养殖废水再利用系统

养殖废水再利用系统是指通过人工湿地有效吸收养殖过程中所产生的废水中的氨氮、亚硝酸盐等有害物质，使得净化后的废水能够得到循环利用。同时利用生物发酵技术，将过滤掉的有机物进行发酵，制成有机肥料或沼气用于发电。

图 2-5-10 养殖废水再利用系统

动力系统

动力系统是指为养殖水体循环运行提供动力的系统，目前主要是电力系统，每个养殖场必须储备有一套备用的发电设备。

图 2-5-11 动力系统 1

图 2-5-12 动力系统 2

监控系统

监控系统分为水下监控系统和管理监控系统。水下监控系统主要用于监控生物在水下的活动和进食情况，以便管理人员能够及时地观察养殖品种的实时状态，防患于未然。管理监控系统主要用于监控场内及周边环境，以便应对火灾、盗窃及其他突发情况。

图 2-5-13 圆桶养殖池（无水）

图 2-5-14 圆桶养殖池（有水）

图 2-5-15 室内养殖区

图 2-5-16 露天养殖区

·养殖管理

鱼苗培育

▶ 用已受精的加州鲈鱼卵进行人工孵化培育。受精卵便宜，可获得大量鱼苗，但对于养殖场的设备条件及技术储备要求很高。

▶ 用鲈鱼水花幼苗进行人工培育。幼苗价格较便宜，但对养殖场的设备条件及技术储备要求较高。

▶ 采用已用配合饲料驯饲好的较大鱼苗进行培育。这一方式不用驯饲就可直接用配合饲料饲养，但鱼苗价格贵。

鱼苗驯饲

加州鲈鱼食性的转变有一个过程，应循序渐进，不可一步到位。刚孵化一个月的幼苗用培育好的轮虫、红虫等浮游动物喂养；等到幼苗长至 3 厘米以上时逐渐开始投喂鱼浆；等鱼全部转食鱼浆后，再逐渐改喂鱼浆混合饲料；驯饲成功后用配合饲料和少量冰鲜鱼喂养。

（a） （b）

图 2-5-17 培育鲈鱼幼苗

放养前的准备

放养前要先对圆桶循环水养殖系统设备进行调试，调试结束后对整个系统进行全面消毒杀菌。

鱼苗放养

选择体格健康、规格整齐的鱼苗，放苗前先用 3% 的盐水浸泡鱼苗 3 ～ 5 分钟，待水温与养殖池水温一致后将鱼苗放入养殖池中养殖，减少鱼对水温产生的应激反应。

分鱼、筛鱼

根据鱼的成长情况，合理控制养殖密度，可参考密度为 50 千克 / 立方米，具体密度可根据设备条件及技术成熟度来定。定期对鱼池内的鱼进行分养，将大小不一的鱼筛选出来，使各个池内的鱼大小一致、密度合理。分养工作应在天气良好的早晨进行，尽量不要伤害到鱼，不要选在天气炎热或天气寒冷的时间分养，以免鱼因应激反应强烈而死亡。

饲料投喂

采用“三定法”投饲，即定时、定质、定量。投喂加州鲈鱼常用加州鲈鱼配合饲料和冰鲜小鱼、小虾等。按鱼体重的 4%～ 5%进行投喂，一天 2 ～ 3 次。

图 2-5-18 加州鲈鱼配合饲料

图 2-5-19 冰鲜小杂鱼

图 2-5-20 鲈鱼投喂饲料

疾病防治

坚持“预防为主，防治结合”的原则，合理控制放养密度，加强循环水水质调控管理，保持良好的水质环境，定期消毒并投喂相应的预防疾病的药物。

日常管理

实时观察鱼群活动情况、水质情况，查看养殖设备运行情况。记录好鱼池内鱼苗放养数量、饲料投喂情况、鱼苗生长情况、水体温度、pH 值、氨氮、亚硝酸盐、盐度、溶氧度、硬度等，以便出现问题时能及时解决，也为今后的养殖积累经验。

成鱼出售

成鱼长到上市规格时，要分拣出未达到上市规格的鱼继续养殖，准备上市的鱼需减少投喂量和投喂次数，等待装车上市。

项目六　小龙虾稻田混养技术

※ 学习目标

- 了解小龙虾的生物学特性。
- 掌握小龙虾的饵料管理方法。
- 掌握小龙虾稻田混养技术。

※ 学习重点

- 掌握小龙虾稻田混养技术和日常管理方法。

任务一　认识小龙虾

·小龙虾的生物学特征

形态特征

小龙虾形似虾而甲壳坚硬，体型较大，由触角、触须、额剑、螯足、胸足、头胸甲、腹部、尾肢、尾节九部分组成。成虾体长 5.6 ～ 11.9 厘米，整体颜色有红色、红棕色、粉红色。背部是酱暗红色，两侧是粉红色，带有橘黄色或白色的斑点。甲壳部分近黑色，腹部背面有一楔形条纹。幼虾体为均匀的灰色，有时还有黑色的波纹。

（a）　　　　（b）

图 2-6-1 小龙虾的背面图

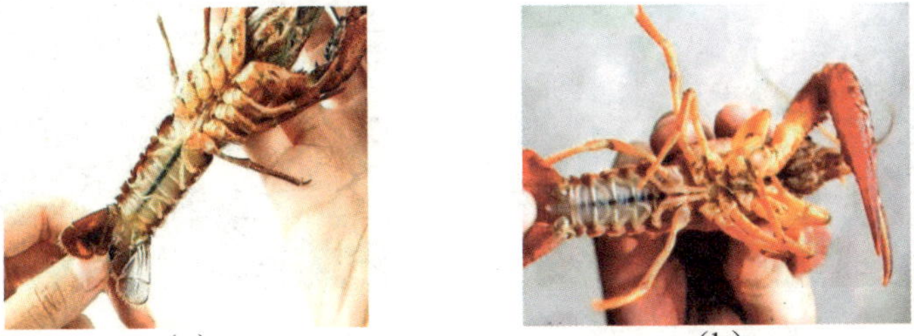

（a）　　　　（b）

图 2-6-2 小龙虾的腹面图

（a）　　　　（b）

图 2-6-3 小龙虾的外部结构

栖息习性

小龙虾栖息在湖泊、河流、水库、沼泽、池塘及沟渠中，对水体的富营养化及低氧有较强的适应性。栖息地多为土质，特别是腐殖质较多的泥质，且有较多的水草、树根或石块等隐蔽物。如栖息地水体水位较为稳定，则小龙虾分布的也就较多。

图 2-6-4 池塘中的小龙虾

（a）

（b）

图 2-6-5 稻田里的小龙虾

生活习性

小龙虾具有掘洞、斗争、攀爬、群居等生活习性。

（a）

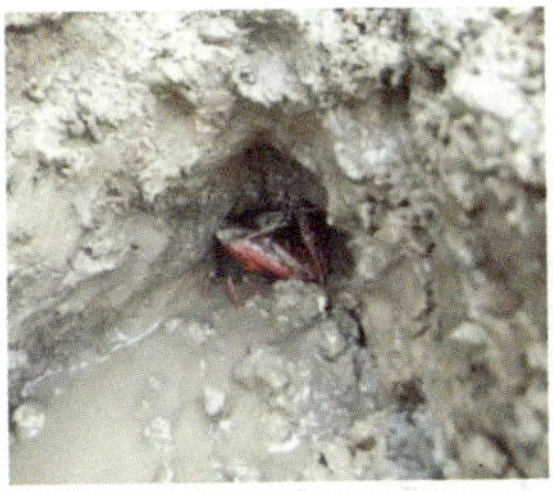

（b）

图 2-6-6 小龙虾的掘洞性

（a）

（b）

图 2-6-7 小龙虾的斗争性

（a）（b）

图 2-6-8 小龙虾的攀爬性

生长周期

小龙虾的养殖周期一般为两个多月，从幼体阶段到商品虾养成需要蜕壳 11 ～ 12 次。小龙虾在幼体阶段一般 2 ～ 4 天蜕壳 1 次，幼体经 3 次蜕壳后进入幼虾阶段。在种苗阶段，小龙虾每 5 ～ 8 天蜕壳 1 次。在成虾阶段，小龙虾一般 8 ～ 15 天蜕壳 1 次。

（a）（b）

图 2-6-9 小龙虾蜕壳

繁殖习性

交配 小龙虾交配的季节一般在 4 ～ 9 月。交配时雌虾仰卧水面，雄虾位于其上，以龙足钳住雌虾前足，步足抱住雌虾，将交接器插入雌虾体内，交配时间为 10 ～ 30 分钟。

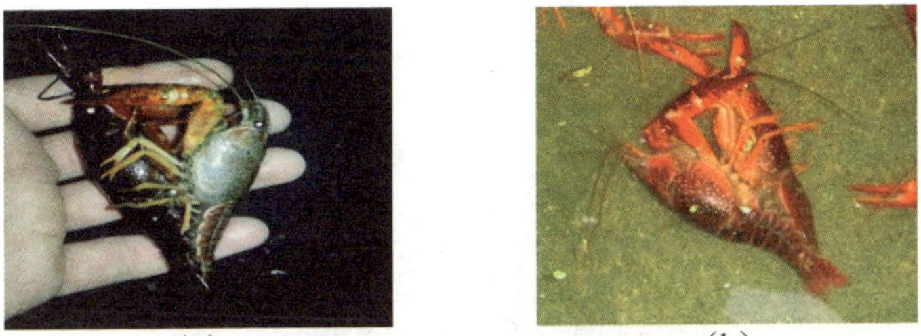

（a） （b）

图 2-6-10 小龙虾交配

产卵 小龙虾属于一年多次产卵类型。水温升至 20℃以上时，亲虾便开始产卵。在粤东地区，小龙虾产卵可持续 6 个月之久，一年可产卵 3 ～ 4 次。

（a） （b）

图 2-6-11 小龙虾产卵

孵化 小龙虾的卵为圆球形，晶莹透亮。刚产出的卵呈橘红色，随着胚胎的发育，受精卵逐渐呈褐色，未受精的卵逐渐变为混浊的白色，未受精的卵多在 2 ～ 3 天内就会自行脱落。

小提示

雌雄小龙虾的区别

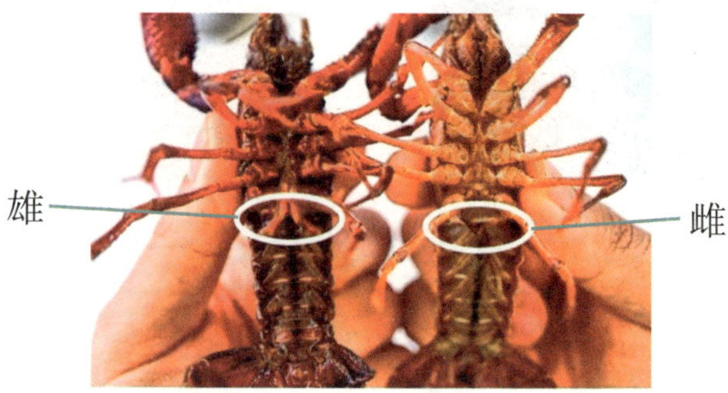

图 2-6-12 区分雌性小龙虾与雄性小龙虾

- 雄性个体大于雌性个体。
- 雌性小龙虾腹部膨大，而雄性小龙虾腹部相对狭小。
- 雄性小龙虾腹部有两个硬的小腿；雌性小龙虾腹部没有两个硬的小腿。

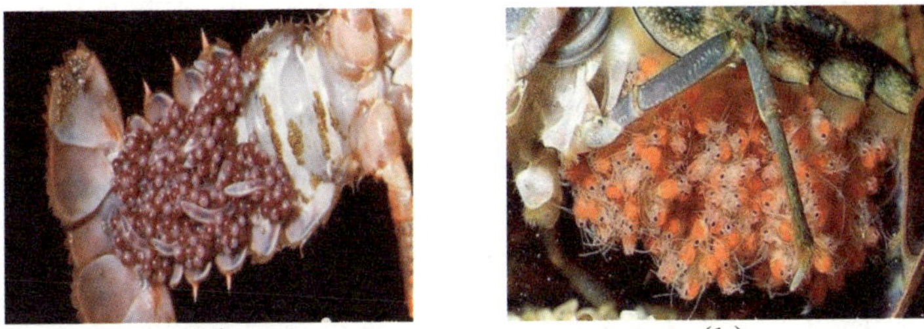

（a）　　（b）

图 2-6-13 小龙虾孵化

· 品种与规格

青虾

青虾外表的颜色为青色或青灰色。

库虾　重量为 10 ～ 14g。

小青虾　重量为 15 ～ 19g。

中青虾　重量为 20 ～ 29g。

大青虾　重量在 30g 以上。

（a）　　（b）

图 2-6-14 青虾

红虾

红虾外表的颜色为深红色、红色或褐红色。

库虾　重量为 10 ～ 19g。

四级虾　重量为 20 ～ 29g。

三级虾　重量为 30 ～ 39g。

二级虾　重量为 40 ～ 49g。

一级虾　重量在 50g 以上。

（a）　（b）

图 2-6-15 红虾

·小龙虾的营养价值

▶ 健脾养胃：可用于治疗胃虚弱、消化不良、食欲不振等疾病。

▶ 促进生长：小龙虾富含蛋白质，有利于维持人体自身的免疫功能，适量食用能促进神经、血管、脑细胞的活动和发育生长。

▶ 保护心血管：小龙虾中含有丰富的矿物质，有利于预防高血压和心肌梗塞。但要注意少吃富含胆固醇的虾蛋，以免影响身体健康。

· 小龙虾的清洗

工具及原料

盆、牙刷、剪刀、白醋。

小龙虾的清洗

把小龙虾放入加有白醋的水中浸泡，用牙刷刷干净，把虾头的脏东西和虾线去掉即可，具体操作步骤如下。

（1）把小龙虾倒入盆中，盆中放水，倒入白醋，浸泡半个小时。

（2）用牙刷刷洗小龙虾全身。

（3）用剪刀剪去虾头，虾头黑色部分全部去除。

（4）抓住小龙虾的尾部、拧动，扯出虾线即可。

（a）

（b）

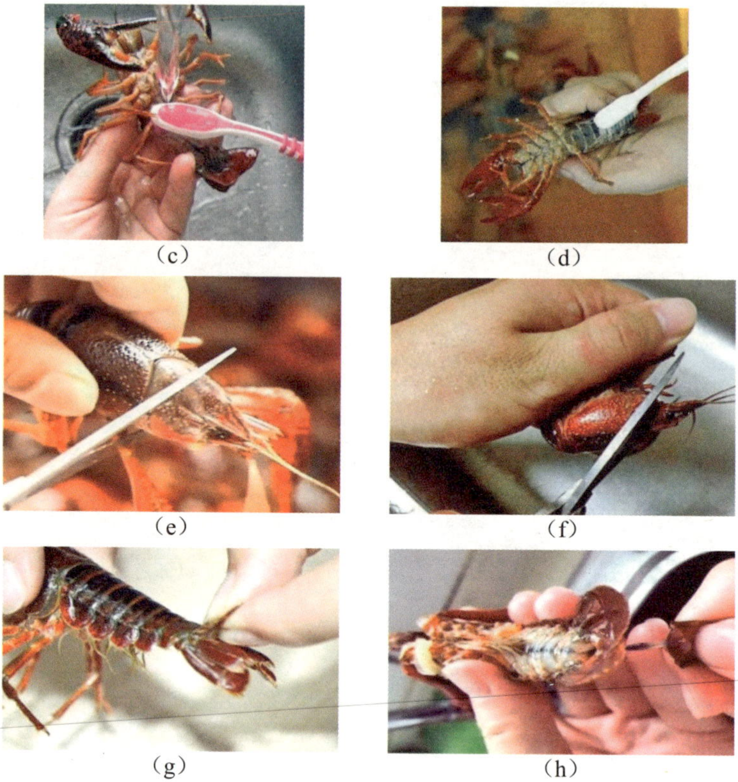

图 2-6-16 小龙虾清洗的操作步骤

任务二 小龙虾养殖场地建设

·场地选择

面积大小

选择面积在 3 亩以上的单块稻田或连成片的小块稻田。

（a）　　（b）

图 2-6-17 小块稻田养殖基地

（a）　　（b）

图 2-6-18 较大面积的稻田养殖场地

土壤

以壤土为宜，底质肥沃，淤泥厚度在 20 ～ 30 厘米为好。

田埂

田埂土壤为壤土，田埂要坚实，保水性能好，在暴雨季节不会被雨水冲垮。

环境

养殖区周边没有大的噪声，离公路的距离应在 500 米以上，稻田周围不得有树木和高杆植物。

交通

交通要便利，便于小龙虾的运输与管理。

• 稻田工程建设

田埂改造和稻田转角处建设

加高加宽田埂，有利于布置防逃网，也有利于进行饲养管理。田块转角处设置为圆弧形，防止小龙虾逃出和小龙虾的天敌进入。

（a）　　　　（b）

图 2-6-19 田埂改造与稻田转角处建设

虾沟、虾凼的建设

虾沟、虾凼要在插秧前挖好，虾沟建议开挖三边，一边不开挖。稻田面积小于 1 亩，虾沟宽度应为 1.5 ～ 2 米，沟深为 80 ～ 100 厘米；如果稻田面积在 1 亩以上，虾沟宽度可以适当增加到 3 ～ 4 米，沟深为 80 ～ 100 厘米。虾凼建设根据养殖密度而定，如果养殖密度较大，可以考虑设置虾凼，一般情况下不需要设置虾凼。

（a） （b）

图 2-6-20 虾沟

· 防逃设施建设

防逃设施主要有两个方面：一是在进、出口附近架设过滤网；二是在田的四周设置用布网、石棉网、塑料薄膜等材料做成的围栏，高度为 40 ～ 60 厘米。

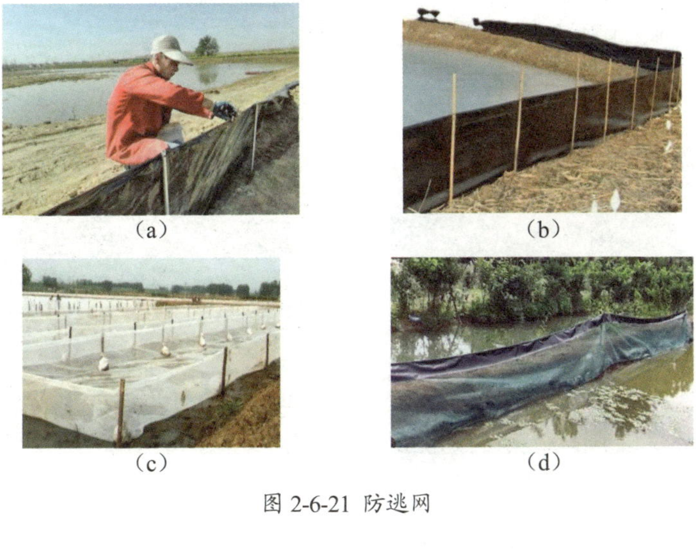

（a） （b）

（c） （d）

图 2-6-21 防逃网

图 2-6-22 防盗网

任务三 小龙虾虾苗投放

·投放时间及规格

投放小龙虾幼虾一般有以下两种模式。

- 9～10 月投放人工繁殖的虾苗，每亩投放 1～2 厘米的虾苗 1.5 万尾左右。
- 在 3～4 月投放生态虾苗，每亩投放 3～4 厘米的幼虾 1 万尾左右。

图 2-6-23 人工虾苗

图 2-6-24 生态虾苗

· 虾苗质量鉴定方法

活动能力

将虾苗捕起放在容器内，活蹦乱跳的为好的虾苗，行动迟缓的为差的虾苗。

虾体颜色

好的虾苗体色鲜艳、有光泽且群体色素相同，差的虾苗体色黯淡且群体色素有差异。

群体组成

好的虾苗规格整齐、身体健壮、体表光滑且不带泥；差的虾苗规格参差不齐、个体偏瘦，有些身上还沾有污泥。

(a)　(b)

图 2-6-25 好的虾苗

（a）　　　　　（b）

图 2-6-26 差的虾苗

· 捕捞虾苗

捕捞幼虾的方法主要有两种：一是拉网捕捞法；二是放水收虾法。

拉网捕捞法

利用密网分段、分块围捕，动作要轻快，从浅水端向深水端慢慢拖拽密网捕捞虾苗。

放水收虾法

将水放至仅淹住集虾槽，然后用抄网在集虾槽中收虾。或者用柔软的丝质抄网接住出水口，将水完全放光，让幼虾随水流入抄网即可。

任务四　小龙虾养殖的饵料管理

· 科学喂养

可直接给小龙虾投喂绞碎的杂鱼、螺蚌肉、蚕蛹、蚯蚓、屠宰场下脚料、米糠、豆饼、麸皮、南瓜、山芋和鲜嫩水草等，也可投喂虾用配合饲料。

（a）　　（b）

图 2-6-27 螺蚌

（a）　　（b）

图 2-6-28 蚕蛹

（a）

（b）

图 2-6-29 蚯蚓

图 2-6-30 米糠

图 2-6-31 麸皮

·各时期小龙虾的饲料配方

小龙虾饲料配制原则：蛋白质含量 35%～45%，脂肪含量 6%～12%，碳水化合物含量 15%～25%，纤维素含量 20%左右，适量的中微量元素。

幼虾配方饲料

配方一 粗蛋白含量为 45%左右。配比为：麦麸 37%，鱼粉 35%，花生饼 25%，蚌壳粉 3%。

配方二 粗蛋白含量为 45%左右。配比为：鱼粉

55%，麦麸25%，豆饼20%和微量元素。

配方三 粗蛋白含量为50%左右。配比为：鱼粉60%，麦麸22%，花生饼15%，矿物质3%和微量元素。

成虾配方饲料

配方一 麦麸50%，蚕蛹30%，豆饼10%，米糠5%，花生饼5%。

配方二 麦麸30%，米糠22.5%，鱼粉20%，花生饼20%，蚕蛹7.5%。

配方三 麦麸57%，鱼粉35%，花生饼5%，蚌壳粉3%。

（a）

（b）

图 2-6-32 花生饼

（a）

（b）

图 2-6-33 豆饼

（a）

（b）

图 2-6-34 鱼粉

任务五 小龙虾养殖的日常管理

·养殖管理

培藻

快速培育出优质的硅绿藻水，加强换水，两天后施用益水宝或绿水利生素，维持良好的水质和底质。

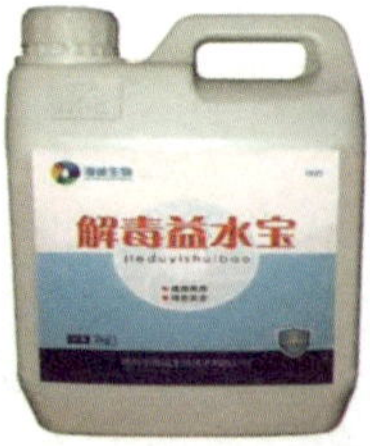

（a）

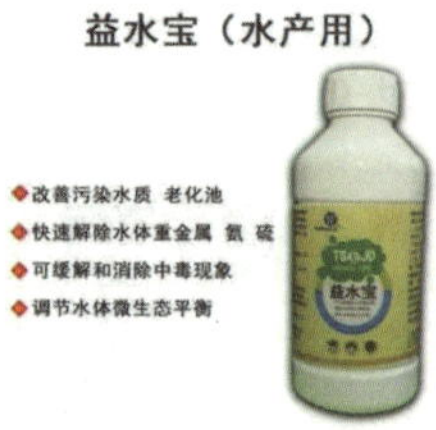

（b）

图 2-6-35 益水宝

图 2-6-36 绿水利生素

水草种植

亲虾投放前，环形沟和田间沟应移植 40%～60%面积的沉水植物，以伊乐藻、菹草为好。伊乐藻和菹草的栽种时间为前一年的 12 月至次年的 1 月底。如栽种轮叶黑藻芽孢，栽种时间则在每年的 3 月中下旬。

图 2-6-37 伊乐藻

图 2-6-38 菹草

图 2-6-39 轮叶黑藻芽孢

加强投喂

在饲料中添加矿物质及微量元素、脱壳素、维生素 C 和免疫多糖。

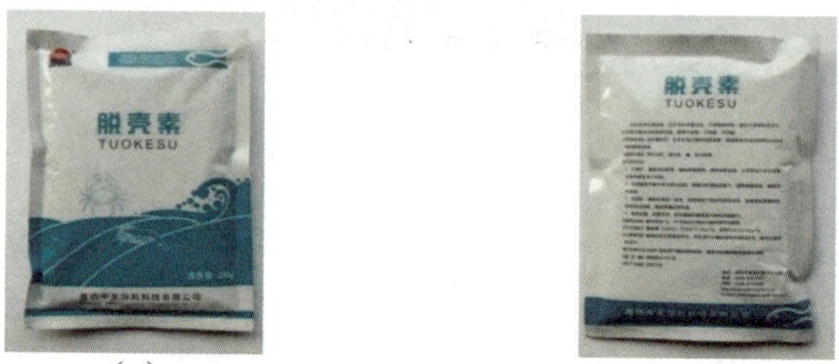

（a）　　　　　　（b）

图 2-6-40 脱壳素

（a）　　　　　　（b）　　　　　　（c）

图 2-6-41 免疫多糖

增加钙质

定期使用石灰水，建议石灰水的使用量按一亩一米水深 10 斤的比例，10 天使用一次。

图 2-6-42 泼洒石灰水

环境调控

保持水位稳定，移栽水草，并保持周围环境安静。另外，随时清除敌害生物。

· 疾病防治

要注意疾病防治，但是要尽量少使用化学制剂，可以加入蜕壳素、磷酸二氢钙等，增强小龙虾的体质，促进小龙虾顺利蜕壳。

任务六　小龙虾常见的疾病

·白斑综合征

症状

小龙虾活力低下，附肢无力，应急能力减弱，体色较暗，部分头胸甲处有黄白色斑点。

（a）（b）

图 2-6-43 小龙虾白斑综合征

图 2-6-44 头胸甲背面上的黄白色斑点

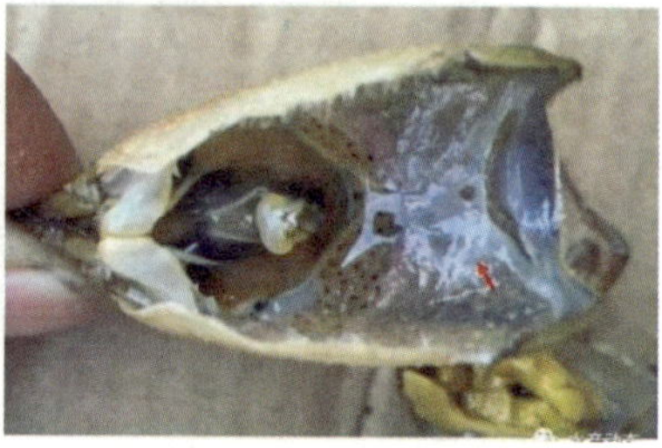

图 2-6-45 头胸甲腹面上的白色斑点

防治方法

▶ 做好小龙虾虾苗苗种的检疫和消毒工作，放养健康、优质的苗种。

▶ 控制好放养密度。

▶ 投足优质的适口饲料，减少健康虾摄食病虾的概率，提高健康虾的抗病力。适当投喂抗生素药饵，进行早期预防。

▶ 改善小龙虾的栖息环境，加强水质管理，移植水生植物，定期清除池底过厚的淤泥，勤换水。

▶ 在养殖过程中，应认真处理好死亡的病虾，在远离养殖塘处掩埋，杜绝病毒的进一步扩散。

· 烂鳃病

病因

小龙虾烂鳃病是由丝状细菌引起的。

症状

小龙虾鳃丝发黑、霉烂。

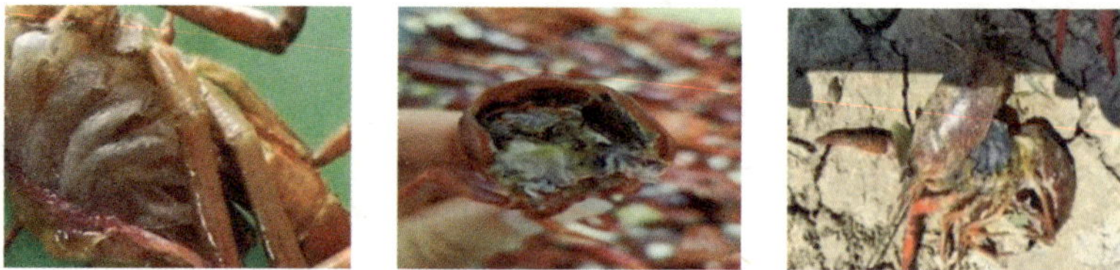

（a）（b）（c）

图 2-6-46 小龙虾烂鳃病

防治方法

▶ 定期换水，注意卫生，保持水体中溶氧量在 4 毫克 / 升以上，避免水质被污染。

▶ 每立方米水体用 2 克漂白粉溶于水后全池泼洒，可以起到较好的治疗效果。

·甲壳溃烂病

病因

小龙虾甲壳溃烂病是由壳多糖分解细菌感染而引起的。

症状

病虾甲壳局部出现颜色较深的斑点，后期斑点边缘溃烂，出现空洞。

(a)

(b)

图 2-6-47 小龙虾甲壳溃烂病

防治方法

▶ 运输和投放虾苗、虾种时，不要堆压和损伤虾体。

▶ 饲养期间，饲料要投足、投均匀，防止小龙虾因饵料不足相互争食或残杀。

▶ 发生此病时，每亩用 5 ～ 6 千克的生石灰溶于水后全池泼洒，或每立方米水体用 2 ～ 3 克的漂白粉溶于水后全池泼洒，这样可以起到较好的治疗效果。但生石灰与漂白粉不能同时使用。

· 烂尾病

病因

烂尾病是由于小龙虾受伤、相互蚕食或被壳多糖分解细菌感染而引起的。

症状

病虾的尾部有水泡，尾部边缘溃烂、坏死或残缺不全。

（a）　（b）　（c）

图 2-6-48 小龙虾烂尾病

防治方法

▶ 运输和投放虾苗、虾种时，不要堆压和损伤虾体。

▶ 饲养期间，饲料要投足、投均匀，防止小龙虾相互争食或残杀。

▶ 发生此病时，每立方米水体用 15 ～ 20 克的茶粕浸泡液全池泼洒，或者每亩用 5 ～ 6 千克的生石灰溶于水后全池泼洒。

图 2-6-49 茶粕

· 出血病

病因

小龙虾出血病是由产气单胞菌引起的。

症状

病虾体表布满了大小不一的出血斑点，肛门红肿。

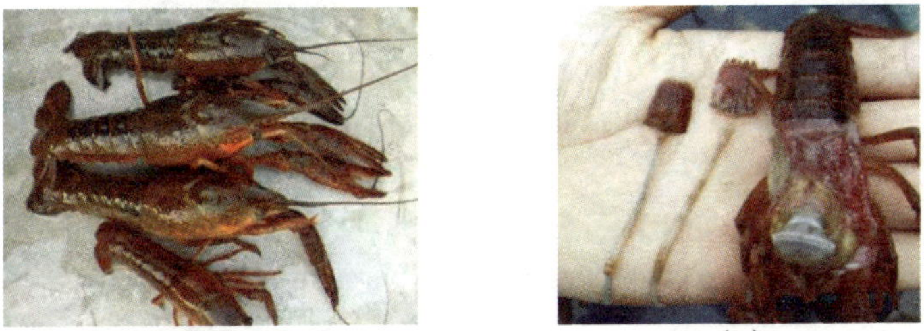

（a）　　（b）

图 2-6-50 小龙虾出血病

防治方法

▸ 发现病虾后要及时隔离，并对虾池水体整体消毒，水深 1 米的 1 亩池子，用 20 ～ 25 千克生石灰溶于水全池泼洒，最好每月泼洒 1 次。

▸ 内服盐酸环丙沙星，按 1 千克饲料中加入 1.25 ～ 1.5 克盐酸环丙沙星的比例拌料投喂，连喂 5 天。

任务七　捕捞小龙虾

· 捕捞方法

地笼捕捞法

▶ 如使用体积较大的地笼，每天只要分 2 次（龙虾较多的可分为数次）从笼中取出龙虾即可，7 至 10 天收起地笼冲洗一次，洗干净后再放入池塘中。

▶ 如使用体积较小的地笼，必须每天重复放下、收起、取虾。

（a）

（b）

（c）

（d）

（e）　　（f）

图 2-6-51 地笼捕捞

竹笼捕捞法

用竹篾编制成直径为10厘米的“丁”字形筒状笼子，两个入口置有倒须，虾只能进不能出。在笼内放入面粉团、麦麸等诱饵，引诱小龙虾进入觅食，进行捕捉。

（a）　　（b）

图 2-6-52 竹笼捕捞

抄网捕捞法

捕虾时，用手抄网在水生植物下方或人工虾巢的下方抄捕，捕大留小。

（a） （b） （c）

图 2-6-53 抄网捕捞

吊线捕捞法

在竹竿或长棍的一端系上长为 1.5 ～ 2 米的网线或棉线，在网线或棉线下垂一端绑上蚌肉或其他肉类。

（a） （b）

图 2-6-54 吊线捕捞

·注意事项

▶ 捕捞前三天禁止向池中冲水，防止幼虾大量脱壳，避免在捕捞时造成伤害。

▶ 捕捞前禁止使用任何药物，必须在休药期之后开始捕捞。

▶ 地笼网眼要控制好，不可卡住未达到上市规格的龙虾。

▶ 不要让龙虾在地笼中堆积过多，否则会使龙虾窒息死亡。

▶ 捕捞起的龙虾要进行分拣，未达到上市规格的龙虾要及时放回池塘中。

·3·

淡水养殖动物疾病防治

项目一　消毒剂、环境改良剂及渔药基础

※ 学习目标

- ▶ 了解消毒剂和环境改良剂的用途。
- ▶ 掌握常用消毒剂和环境改良剂的使用方法。
- ▶ 掌握渔药的分类。
- ▶ 掌握常用渔药的用法。

※ 学习重点

- ▶ 掌握渔药的分类。
- ▶ 掌握常用渔药的用法。

任务一　消毒剂和环境改良剂

· 漂白粉

图 3-1-1 漂白粉

用法与用量

▶ 一般带水清塘，每立方米水体放 20 克漂白粉全池泼洒；养殖水体消毒，每立方米水体放 1 ～ 1.5 克漂白粉全池泼洒。

▶ 每立方米水体一次用量为 10 ～ 20 克漂白粉，浸浴 10 ～ 20 分钟对鱼体体表进行消毒。

注意事项

▶ 施药时间宜在阴天或傍晚，避免使用金属器具，避免眼睛和皮肤直接接触漂白粉。

▶ 放置时间过长、已潮解和结块的漂白粉，其有效成分已散失，故不能使用。

·鱼康

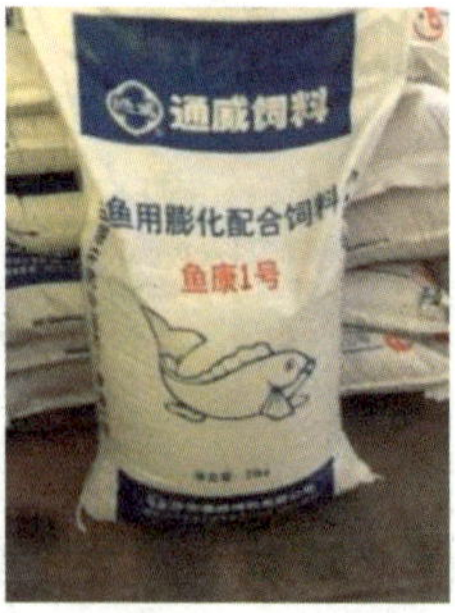

图 3-1-2 鱼康

用法与用量

每立方米水体用 0.3 ～ 0.4 克鱼康全池泼洒，可防治赤皮病和烂鳃病。带水清塘每立方米水体用 10 ～ 15 克鱼康，10 天后可放鱼。

注意事项

- 勿用金属器具。
- 鱼缺氧、“浮头”前后严禁使用。
- 无鳞鱼鱼体溃烂或患腐皮病时慎用。

· 高锰酸钾

图 3-1-3 高锰酸钾

用法与用量

- 每立方米水体用 8 ～ 10 克高锰酸钾，遍洒消毒。

▶ 每立方米水体用 0.5 ～ 1 克高锰酸钾全池泼洒进行防治烂鳃病、烂尾病、赤鳍病等。

注意事项

▶ 不要与甘油、碘和活性炭等混合，易发生爆炸。

▶ 不要在强光下使用，因为阳光易使高锰酸钾氧化而失效。

▶ 有的时候使用时要采取增氧措施。

·食盐（氯化钠）

图 3-1-4 食盐

用法与用量

▶ 用浓度为 1％～ 3％的溶液浸浴淡水鱼 5 ～ 20 分钟，可防治烂鳃病、白头白嘴病、赤皮病、竖鳞病、真菌病等。

▶ 苗种入池前用浓度为0.8%～1%的溶液浸浴2小时有防病的作用。

▶ 用浓度为0.5%～0.7%的溶液全池遍洒可防治烂鳃病、烂尾病、体表溃疡病、水霉病和鳃肾炎等。

注意事项

▶ 密闭保存，防潮。

▶ 用本品浸浴时，不宜在镀锌容器中进行，以免中毒。

▶ 对淡水鱼类要严格控制其用量和浸浴时间。

· 生石灰（氧化钙）

（a）　　（b）

图 3-1-5 生石灰

用法与用量

▶ 在修整鱼池后，池水水深控制在6～10厘米，用水溶化适量生石灰后随即全池遍洒，清塘消毒。

▶ 每隔 3 ～ 7 天，每立方米用 50 ～ 80 克生石灰溶水后遍洒一次可防止养殖池的水质恶化。

▶ 生石灰粉均匀撒于青苔和藻类上，可杀死青苔和藻类。

注意事项

▶ 生石灰易熟化，熟化后效果减弱；生石灰不宜久储，应注意防潮，宜在晴天用药。

▶ 应使用新鲜、块状的生石灰，放置时间过长、已潮解或呈粉末状的生石灰已失效，就不能再使用了。

任务二　渔药

· 常用的抗细菌药

青霉素

青霉素常用于防治鱼类细菌性败血病、疖疮和皮肤创伤等引起的感染；防止鱼类长途运输水质恶化时使用的剂量为 5 万～ 10 万国际单位 / 升。注射溶液应在需要使用时配制，储存于冷处，当日用完。忌与四环素、磺胺类药物合用。

图 3-1-6 青霉素

链霉素

链霉素可用于治疗鱼类疖疮病、打印病、竖鳞病、弧菌病、产后感染，鳖的赤斑病、红脖子病和疖疮病，罗非鱼的运动性气单胞菌病，牛蛙的细菌性疾病，对虾的丝状细菌病和肠道细菌病等。可与青霉素合用，鱼类长途运输时防止水质恶化的使用剂量为每立方米水体 5 ～ 20 克。

图 3-1-7 链霉素

氟甲喹粉

氟甲喹粉为白色或类白色结晶性粉末，无臭，微溶于水。鱼每千克体重拌饵投喂 10 ～ 15 毫克，每天 1 次，连用 3 ～ 5 天。混拌后的药饵不宜久置，应妥善存放，以免造成人、畜误服。使用后的废弃包装物也要妥善处理。

图 3-1-8 氟甲喹粉

·常用的杀虫驱虫剂

现在渔药市场上常见常用的杀虫驱虫剂有甲苯咪唑溶液、菊酯类杀虫药、阿维菌素溶液等。由于各种鱼类对不同的杀虫剂反应不同，一旦使用不当很容易使鱼患各种疾病甚至死亡，因此如何正确合理使用杀虫剂是一个非常关键的问题。

甲苯咪唑溶液

甲苯咪唑溶液主要用于防治三代虫、环虫病等，使用时需要按说明稀释溶液，严禁局部药物浓度过高，所以在喷洒时也要注意将液体摇匀。

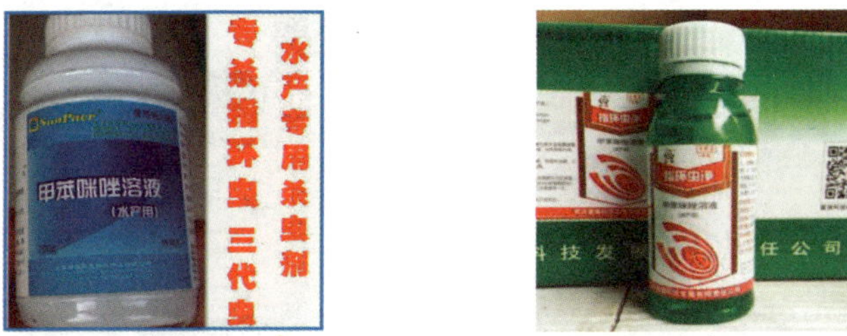

（a）　　　　（b）

图 3-1-9 甲苯咪唑溶液（水产用）

菊酯类杀虫药

目前市面上销售的有“灭虫精”“鱼虫雷”“赛波凯”“兴棉宝”等。在鱼类越冬期间最好不要用这类药。虾蟹禁用此药。

（a）　　　　（b）

图 3-1-10 菊酯类杀虫药

阿维菌素溶液

阿维菌素溶液是一种广谱抗寄生虫药，对蠕虫有较好的防治效果。使用不当会造成鲢鱼、鲫鱼等鱼类死亡。使用时要注意全池均匀泼洒，局部用药不能过量。

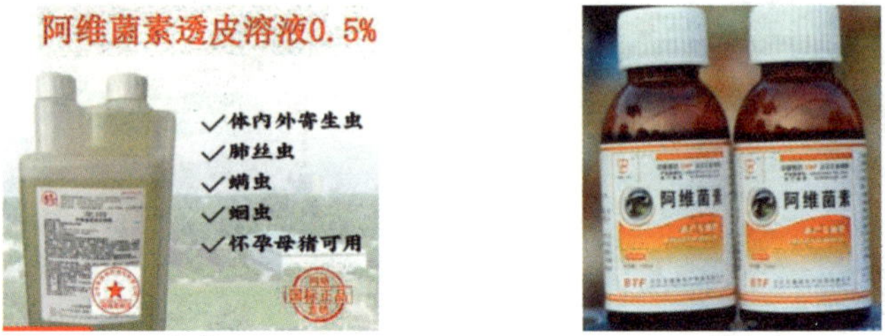

（a）　　　　（b）

图 3-1-11 阿维菌素溶液

辛硫磷

辛硫磷是广谱杀虫药，主要用来杀灭鱼类身上如锚头鳋、中华鳋、鱼鲺、指环虫等寄生虫。此药不得用于无鳞鱼，对淡水白鲳、鲷鱼毒性大。此药在土塘中的残留时间长，使用时要注意其安全间隔期；辛硫磷不能与生石灰等碱性物质混合使用；此药极易受潮，要密封保存，并置于干燥阴凉处。

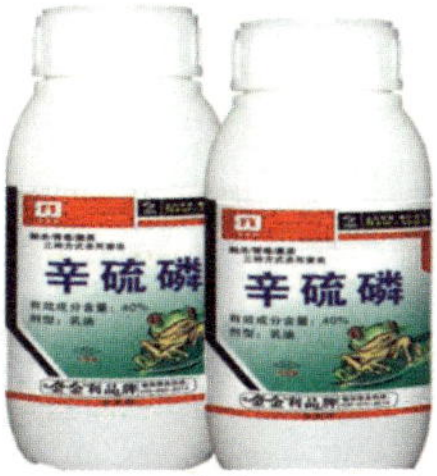

（a）

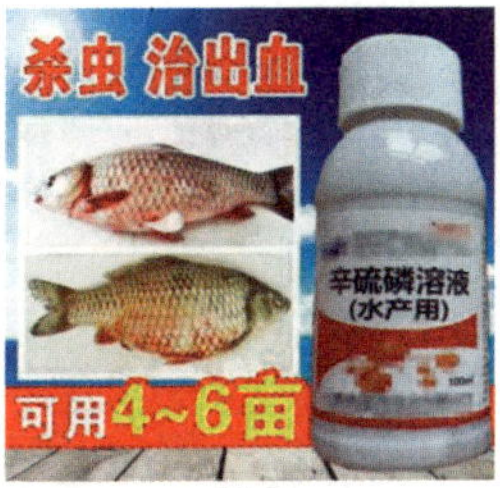

（b）

图 3-1-12 辛硫磷

敌百虫

敌百虫是水产养殖上常用的杀虫药，主要用于杀灭鱼体内外寄生的线虫、吸虫以及危害鱼苗、鱼卵的枝角类、桡足类和水蜈蚣等；虾蟹、淡水白鲳等禁用；加州鲈鱼、乌鳢、鲶鱼、斑点叉尾鮰、鳜鱼等慎用。

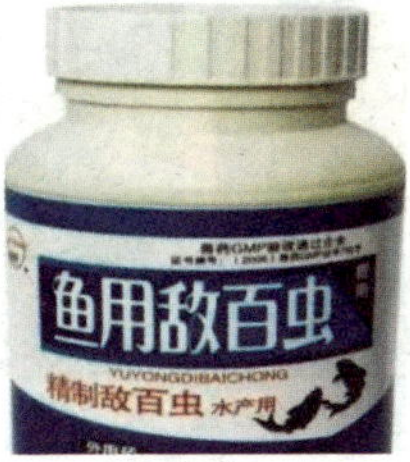

（a）

（b）

图 3-1-13 敌百虫

对于以上有一定限制性的外用杀虫药，用量用法一旦不当，就会造成鱼类死亡。所以一定要在专业人士的指导下使用，切忌乱用药。

· 中草药

在淡水养殖中，中草药的应用很广泛，下面是一些常见的中草药。

图 3-1-14 大黄

图 3-1-15 黄芩

图 3-1-16 水花生

图 3-1-17 黄芪

图 3-1-18 穿心莲

图 3-1-19 杜仲叶

图 3-1-20 菖蒲

图 3-1-21 黄连

图 3-1-22 板蓝根

图 3-1-23 地锦草

图 3-1-24 大青叶

图 3-1-25 桉叶

▸ 抗细菌中草药：大黄、黄连、黄芩、五倍子、苦参、桉叶、乌桕、松针、地锦草、穿心莲、水花生等。

▸ 抗病毒中草药：大黄、黄连、黄芩、板蓝根、大青叶等。

▸ 抗寄生虫中草药：苦楝皮、石榴皮、松针、菖蒲等。

▸ 抗真菌中草药：菖蒲、苦参、白头翁等。

▸ 增强免疫功能中草药：黄芪、党参、当归、甘草、丹参等。

▸ 其他用途的中草药：杜仲叶、苦参、山栀子可改善水产品肉质，增加鲜度。

任务三　科学鉴别渔药

· 检查包装

兽药产品（原料药除外）必须同时使用内包装标签

和外包装标签。包装标签必须注明“兽用”标识、兽药名称、主要成分、适应症（或功能与主治）、含量/包装规格、生产许可证号、批准文号或《进口兽药登记许可证》证号、生产批号、有效期、停药期、贮藏条件、包装数量和企业信息等内容。

· 检查注册商标

正规渔药厂家申请了注册商标，注册商标（图案、图画、文字等）必须在兽药的包装、标签和说明书上标明，并注有“注册商标”字样或注册标记。非法厂家生产的假兽药往往没有商标或使用没有注册的商标。

· 目测产品外观

▶ 对于粉剂类产品，外包装应完整，无胀气现象；药粉干燥疏松、颗粒均匀、色泽一致，没有异味、潮解、结块、发黏和虫蛀等情况。

▶ 对于水剂类产品，打开包装瓶观察其装量有无明显差异，容器应完好、统一、无泄漏。

▶ 溶液的色泽应一致，澄清、无异物、无沉淀或混浊；个别产品在冬季允许析出少量结晶，加热后应完全溶解。出现絮状物及其他异常现象的均不得使用。

▶ 对于片剂类产品，外包装应完好，外观要整齐、完整、色泽均匀，表面要光滑，无斑点、麻面，应有适宜的硬度，通过测试其在水中的溶解时间可以判断产品是否达到要求。

▶ 对于中草药产品，主要看其有无吸潮霉变、虫蛀或胀气等现象，出现上述现象不宜继续使用。

·留心“三证”

正规渔药产品必须同时具备兽药生产许可证、产品批准文号、生产批号才能在市场上销售，当然其产品质量也能得到保证。合格的渔药产品必须同时具备“三证”，否则就是假、劣渔药。

·注意生产企业是否通过兽药 GMP 认证

兽药 GMP 是兽药生产和质量管理的基本准则，只有通过兽药 GMP 认证的企业，产品质量才能得到有效保证。

・注意一药多名，区别“商品名”和“通用名”

用户应根据治疗目的，仔细阅读标签，认清其通用名和产品主要成分、含量等，然后再去比较各厂家的同类产品，最终选择质优价廉的产品。

任务四　粉剂、颗粒剂消毒液的配制

・以配制高锰酸钾溶液为例

第一步：先计算池水的体积

▶ 长方体水池的池水体积＝长 × 宽 × 高（水高）

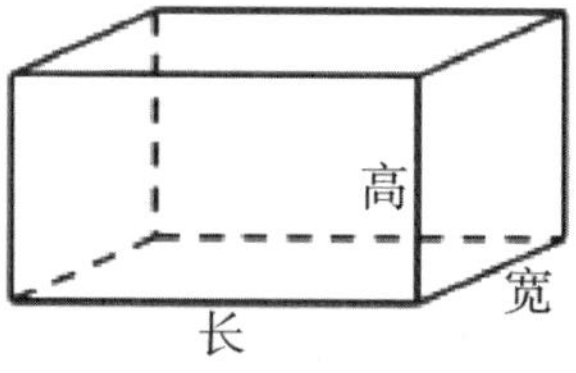

图 3-1-26 长方体

▶ 圆柱体水池的池水体积＝π（约等于 3.14）× 半径²× 高（水高）

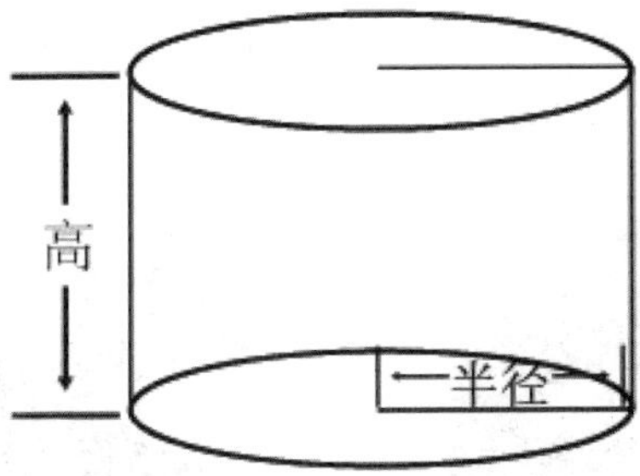

图 3-1-27 圆柱体

注意：要把单位统一了再计算。如果遇到不规则的水池，就要把鱼塘分割成几块规则的图形后分别进行计算，然后相加即可得到不规则的池水体积。

第二步：计算高锰酸钾用量

以配制 8000 倍液为例，高锰酸钾用量＝体积 ÷8000÷有效成分

注意：体积单位要换成升（L），最后算出的结果是千克；在包装袋上会注明有效成分，其含量一般接近 100%，故在计算时可以忽略不计。

第三步：称取药物，并溶解稀释

根据药量的多少，选择适合的称量工具。

溶解时要先在桶里进行溶解，桶中溶解完成后，均匀洒在水池里，再将鱼放入水池中进行浸泡。

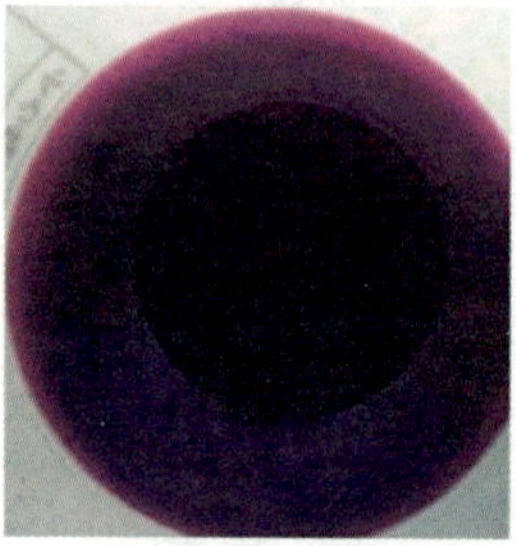

（a）

（b）

图 3-1-28 高锰酸钾的溶解与稀释

项目二　鱼病诊断

※ 学习目标

- 通过观察鱼的体表掌握鱼病诊断方法。
- 通过观察鱼体内部掌握鱼病诊断方法。

※ 学习重点

- 鱼的体表观察、鳃部观察。

任务一　鱼的体表观察

观察鱼的体表主要是观察鱼是否具有以下症状：是否有寄生虫、是否有渗血出血的情况（腹部、头部）、是否有溃烂点（重点检查头部、鳃部、鳍部、尾部）、肛门是否红肿、鳞片是否正常（有无竖鳞、掉鳞的现象）、眼睛是否正常（是否有烂眼、红眼、突眼的现象）。

图 3-2-1 锚头蚤

图 3-2-2 竖鳞

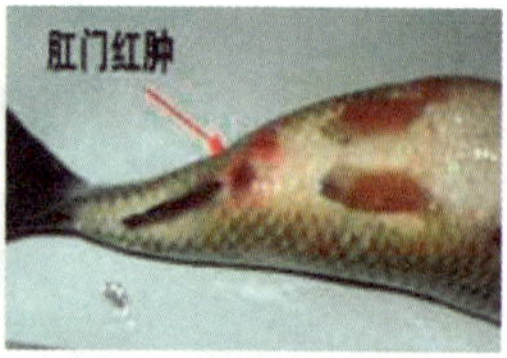

图 3-2-3 肛门红肿

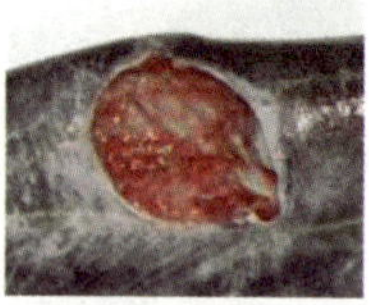

图 3-2-4 肌肉溃烂，见骨

图 3-2-5 臀鳍充血

图 3-2-6 皮红，充血

图 3-2-7“开天窗”

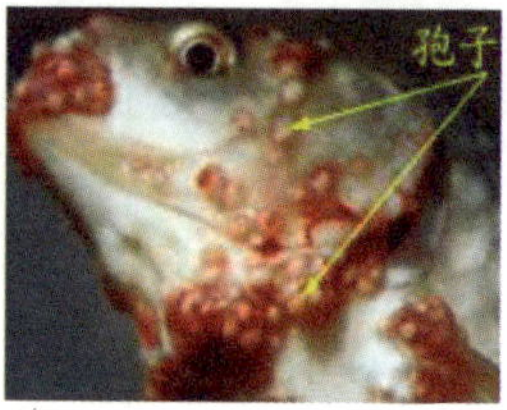

图 3-2-8 头部孢子虫

图 3-2-9 突眼

肉眼检查是用眼睛仔细观察鱼的各部位有无充血、发炎、溃烂、变色、黏液增多、粗糙、肿胀、小点、畸形等症状，根据肉眼观察可以大致判断鱼的病症。

- 鱼体黏液增多：车轮虫、斜管虫、小瓜虫等感染。
- 鳞片竖起：竖鳞病。
- 鳞片脱落发红：赤皮病、疖疮病、打印病。
- 肛门红肿：肠炎病、肝胆综合症。
- 体表充血：出血病、烂鳃病。

任务二 鱼体内部观察

·鳃部检查

沿着靠近头部的鳃盖上末端绕眼部向下末端剪开半边鳃盖，露出鱼的鳃部，剪取鳃弓两端的鳃尖，注意避开黑鳃和白鳃。

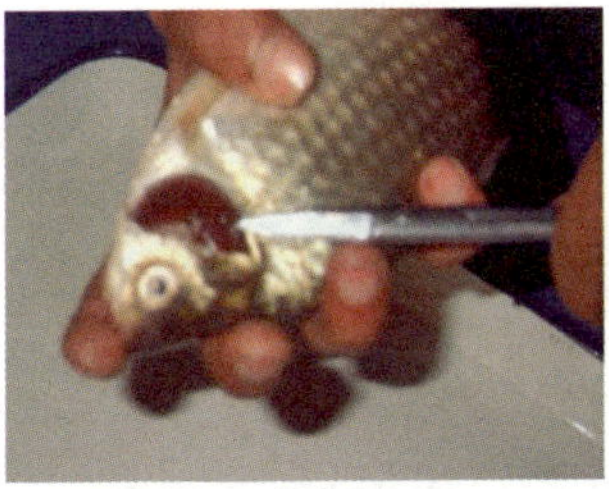

（a）

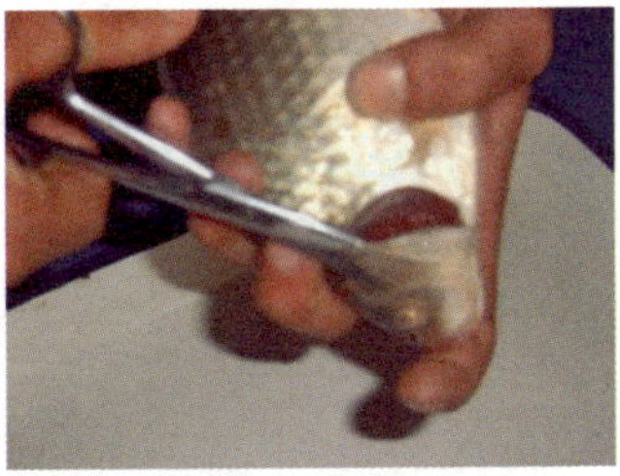

（b）

图 3-2-10 取鳃盖

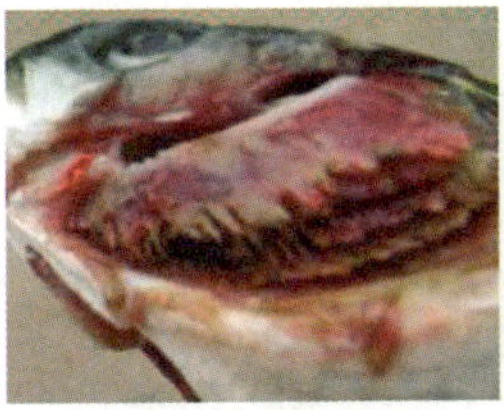

图 3-2-11 鳃部溃烂、缺损

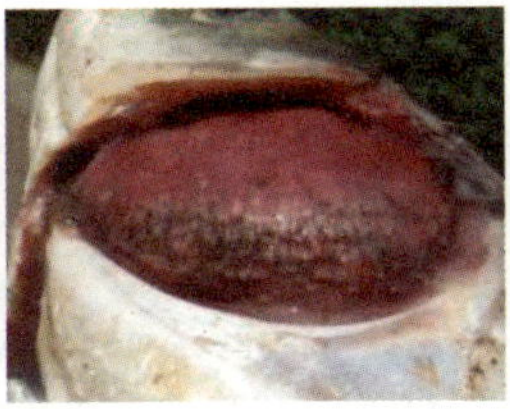

图 3-2-12 鳃丝末端肿大

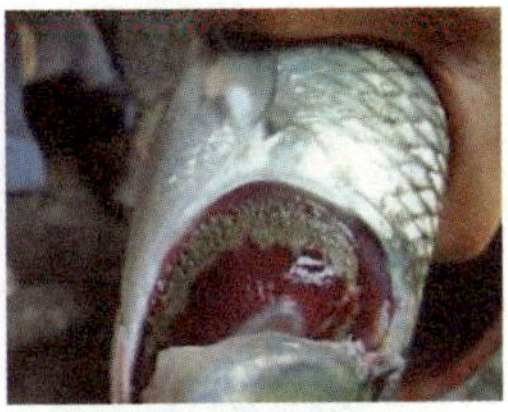

图 3-2-13 鳃部有污物，呈暗紫色

图 3-2-14 鳃盖“开天窗”

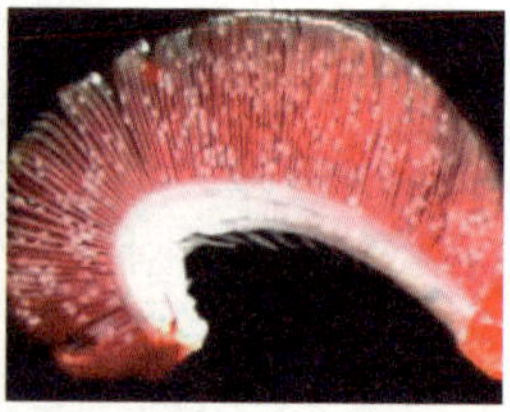
图 3-2-15 鳃片上肉眼可见的寄生虫

图 3-2-16 鳃盖内表皮缺损

▸ 缺氧：鳃紫红发暗、肿胀。

▸ 中华鳋：鳃丝末端肿大发白，形似小蛆，俗称“鳃蛆病”。

▸ 细菌性烂鳃病：“开天窗”、鳃丝末端腐烂，黏液较多，鳃盖透明、鳃丝失血坏死。

▸ 药物刺激：鳃发暗、粘连、肿胀。

▸ 指环虫：鳃盖张开、鳃丝呈暗灰色。

▸ 车轮虫：鳃丝鲜红、鳃片表面发白雾。

· 鱼腹内部观察

解剖鱼肚

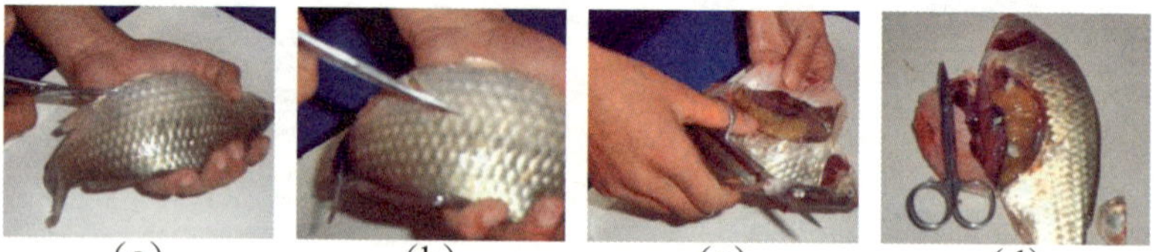
(a) (b) (c) (d)

图 3-2-17 解剖鱼肚

鱼腹内部检查要点

▶ 先仔细观察外表是否红肿，再观察肌肉内部颜色是否呈微红色。如果是，那认真观察是否有出血点。

▶ 观察腹部积水颜色是否呈微黄色，腹部是否有积血。

▶ 把鱼的前肠和后肠剪断，把整个内脏拿出来观察，认真观察肝脏是否是花肝、绿肝，胆囊是否是草绿色。

▶ 把整个鱼肠从前肠至后肠破开，观察是否还有食物，观察是否出现红色出血点或有无脓液。

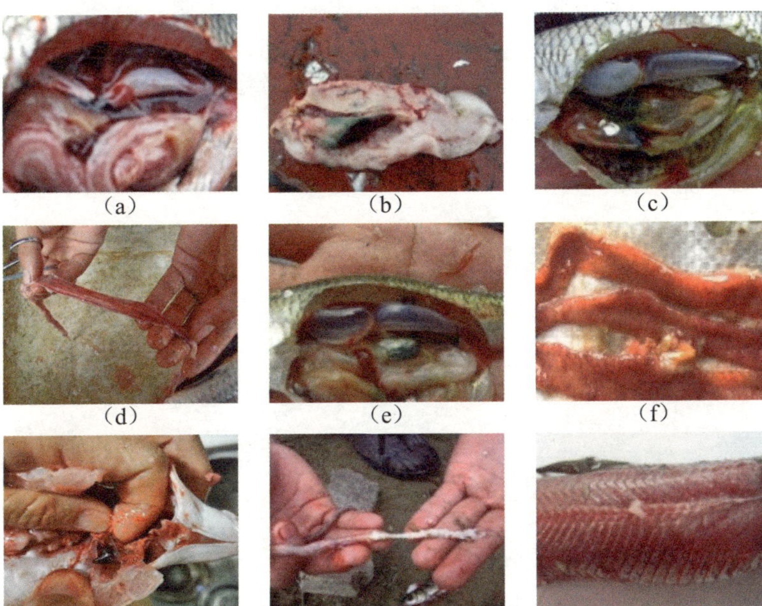

(a) (b) (c) (d) (e) (f) (g) (h) (i)

图 3-2-18 鱼腹内部检查

项目三　常见的鱼病防治

※ 学习目标

- 掌握寄生虫引起的鱼病症状与防治方法。
- 掌握真菌、细菌性鱼病症状与防治方法。
- 掌握病毒性鱼病症状与防治方法。
- 掌握其他导致鱼生病的因素与对应的防治方法。

※ 学习重点

- 真菌、细菌性疾病症状与防治方法。
- 病毒性疾病症状与防治方法。

任务一　寄生虫引起的鱼病

·白点病

白点病也叫小瓜虫病，是一种常见的鱼病。小瓜虫虫体呈球形，全身披有纤毛，为肉眼可见的小白点。通常在温度较低的时候小瓜虫就会寄生在鱼体中导致鱼患病。白点病发病率高，死亡率高达 90%。

症状

▶ 发病鱼苗体鳍上有很多小白点。

图 3-3-1 鱼体上的白点

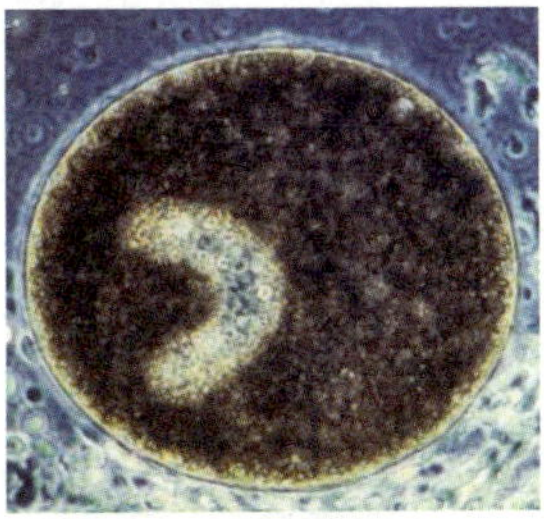

图 3-3-2 显微镜下的小瓜虫

▶ 当小瓜虫大量寄生时，病鱼慢游、不食、呼吸困难，甚至浮于水面，受惊吓也不沉入水底。

图 3-3-3 小瓜虫大量寄生，鱼呼吸困难而死亡

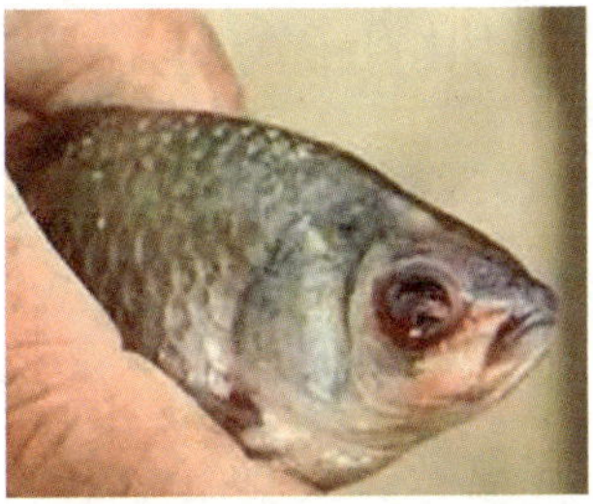

图 3-3-4 小瓜虫寄生引发鱼体溃烂

防治方法

▶ 定期换水，改善水质，适当升温，当温度达到 25℃的时候，小瓜虫就会停止生长，达到 28℃时就可以将其

消灭，平时也要注意控温，这样可以起到预防的效果。

▶ 每立方米用 2 ～ 3 克大蒜素加水泼洒。

▶ 每亩用 2 千克干辣椒用水煮开或用辣椒面加水全池泼洒，可杀死小瓜虫。

▶ 用盐水治疗：用一定比例的食盐水全池泼洒或将患病鱼在食盐与水的比例为 1:100 的食盐水中浸泡 3 ～ 5 天，可有效杀死小瓜虫。

·鲤蠢绦虫病

鲤蠢绦虫病是由鲤蠢绦虫寄生而引起的鲤鱼、鲫鱼等的肠道病。

症状

▶ 肠道被虫体堵塞，并引起肠道发炎和贫血。

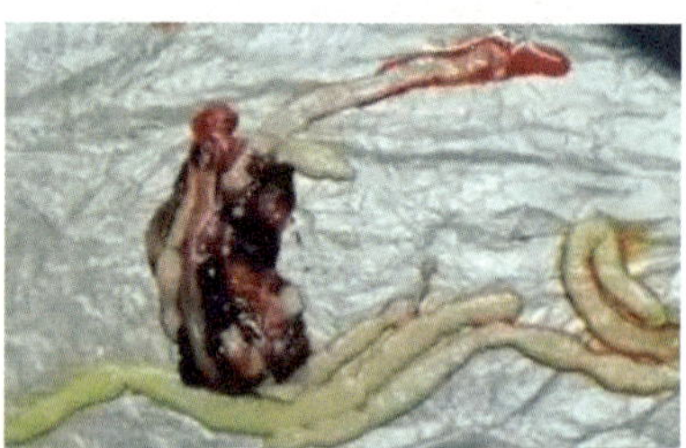

图 3-3-5 肠道贫血发白

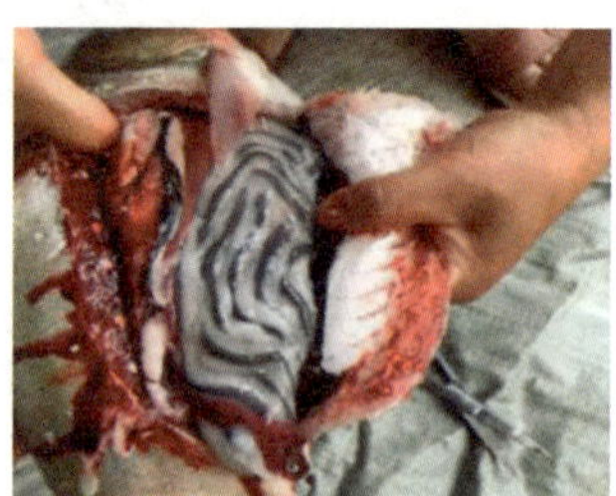

图 3-3-6 肠部发炎变黑

▶ 小心剪开肠管，即可见到寄生在肠中的鲤蠢绦虫。

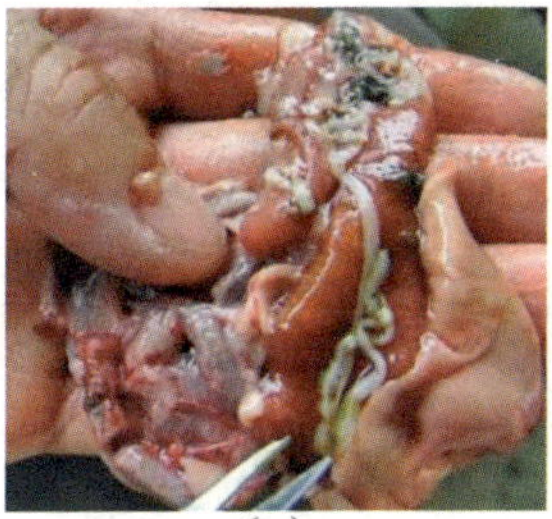
（a）

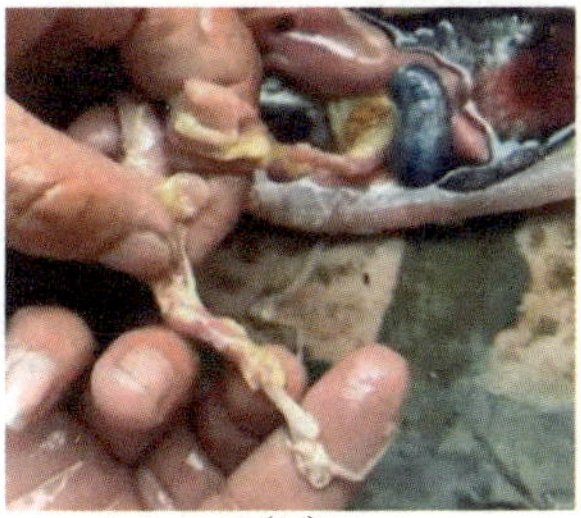
（b）

图 3-3-7 鱼肠中的鲤蠢绦虫

防治方法

▶ 做好清塘和消毒工作。

▶ 用含 90%晶体敌百虫 50 克加面粉 1 斤，做成药饵投喂，每天 1 次，连续投喂 6 天。

· 锚头蚤病

锚头蚤病是由甲壳动物锚头蚤侵入鱼体而引发的体外疾病，锚头蚤雌虫常寄生鱼体。

症状

▶ 发病初期，病鱼乱游、急躁不安，大量锚头蚤虫体经常寄生于鱼的口腔中，影响鱼摄食，从而使鱼体瘦弱。

图 3-3-8 鱼急躁不安

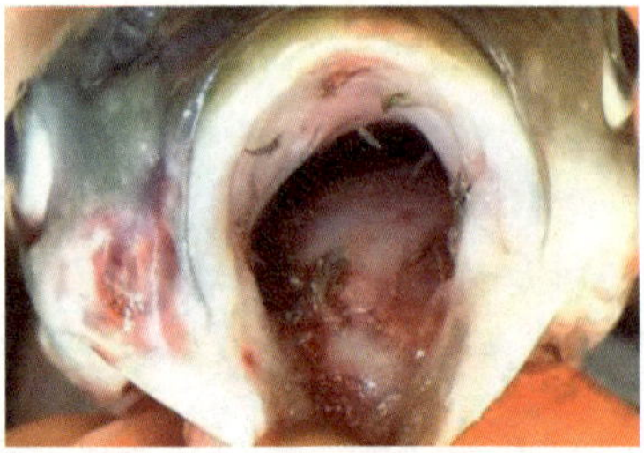
图 3-3-9 鱼口腔被锚头蚤虫体侵入

▸ 病鱼游动迟缓，若是规格为 6 ～ 7 厘米的鱼种患病，则会出现鱼体畸形、弯曲等情况。

图 3-3-10 鱼头畸形

图 3-3-11 鱼体弯曲

▸ 锚头蚤以头角钻入鱼表体内，导致其周围出现红肿发炎的情况；虫体的后半部分常裸露在外，体表常会附生累枝虫、藻类、水霉菌，情况严重时，病鱼的体表像披有一层蓑衣。

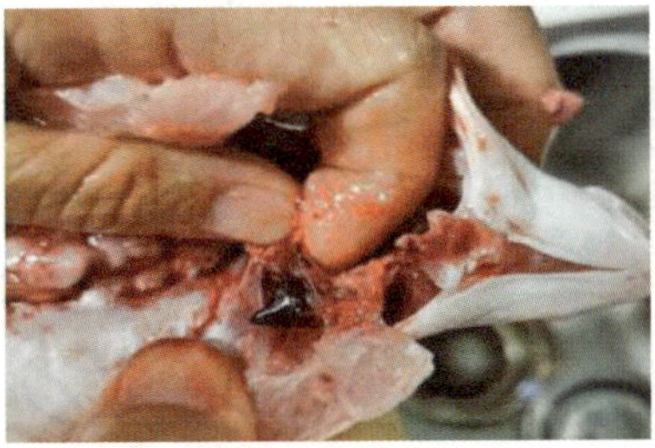

图 3-3-12 锚头蚤虫体
（短为头，长为尾）

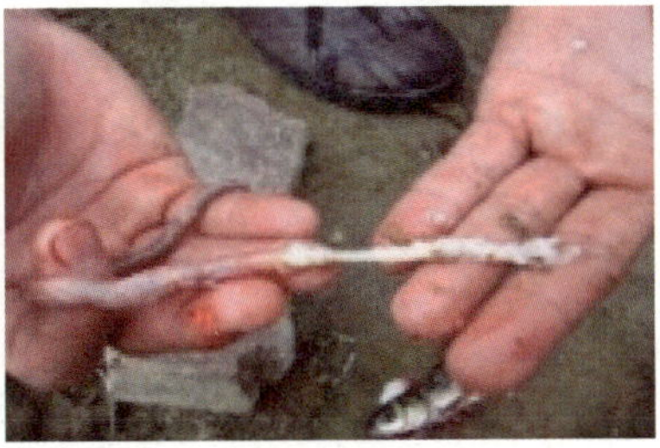

图 3-3-13 鱼体红肿发炎

图 3-3-14 虫体尾部引发霉菌

防治方法

▸ 在鱼种放养时如果发现有锚头蚤寄生，则用高锰酸钾溶液清洗鱼体。当水温为 15 ～ 20℃时，用 5000 ～ 10000 倍高锰酸钾溶液浸泡 1.5 ～ 2 小时。

▸ 高锰酸钾 6 ～ 10 克加食盐 80 ～ 100 克兑水 50 公斤进行药浴。

▸ 用伊维菌素（25 ～ 30 毫升 / 亩）或阿维菌素（30 毫升 / 亩）全塘泼洒，杀灭虫体，这样既安全有效又不影响鱼吃食。

▶ 利用锚头蚤对寄主有选择性的特点，可采用轮养方法控制此病发生。

▶ 可以在池塘中放一些底层杂食性鱼类（黄颡鱼等）。

任务二　真菌、细菌性鱼病

·烂鳃病

症状

▶ 病鱼常离群独游，行动缓慢，反应迟钝，鱼体变黑，特别是头部更黑，这种现象叫“乌头瘟”。鱼鳃盖内表皮常常充血，严重时鳃盖出现不规则的透明小区，俗称“开天窗”。

图 3-3-15“乌头瘟”

图 3-3-16 鳃盖内表皮充血

图 3-3-17“开天窗”

▸ 鳃丝有很多黏液，鱼鳃腐烂、有污泥。鳃瓣有点状血斑，有的甚至从鳃丝末端到鳃瓣边缘均匀地烂一圈。

图 3-3-18 鳃丝边缘烂鳃

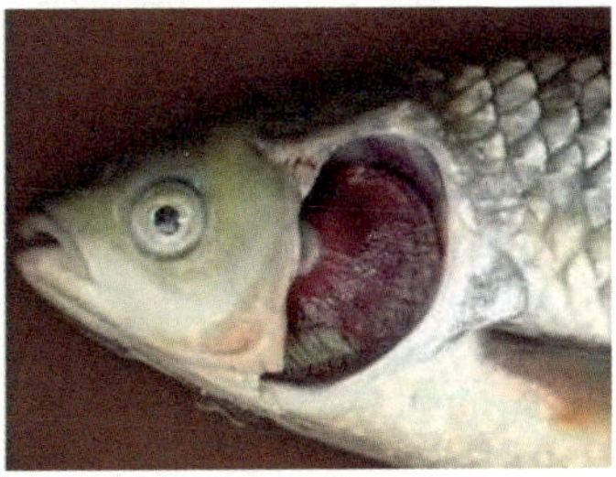

图 3-3-19 斑块状烂鳃

▸ 鳃丝溃烂成长短不一的扫帚状，有的鳃丝表面有一层污物。

图 3-3-20 鳃丝末端溃烂缺损

图 3-3-21 鳃丝末端有大量污物

▸ 鳃丝骨条尖端外露，附着许多污物，并附有很多细长的细菌。

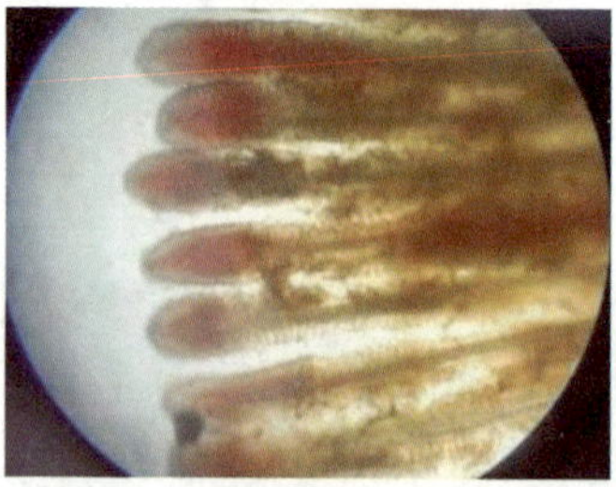

图 3-3-22 鳃丝骨条尖端外露

图 3-3-23 鳃丝肿胀，附着许多黏液

防治方法

烂鳃病大多是鱼鳃或鱼表皮肤由于受寄生虫影响或被机械损伤，病原体从伤口处入侵鱼体而引起的。水质好、放养密度合理且鳃丝完好等可减少烂鳃病的发生。

治疗方法

▶ 在养殖水体有机质含量高或透明度较低时，全池泼洒强氯精。

▶ 如养殖水体透明度适宜且藻类丰富，全池泼洒苯扎溴铵溶液。

▶ 泼洒外用药物时，对吃食性鱼类须同时口服“穿梅三黄散 + 氟苯尼考 + 肝胆利康散 + 酶合电解多维”一个疗程。

预防方法

▶ 鱼类已感染了寄生虫，则应首先泼洒针对性的外用杀虫药，如鱼虫雷、敌百虫、来虫精等。

▶ 如并发鳃霉，则须在泼洒外用消毒杀菌药后全池泼洒“每立克”。

▶ 对有机质多或底泥过深的池塘，须首先全池泼（干）洒一次“康乐”“水立爽”或“底立爽”1 次，再使用外用消毒杀菌药物泼洒。

· 赤皮病

草鱼、青鱼常患赤皮病。2 ～ 3 龄的大鱼常患此病，且此病常与肠炎病、烂鳃病同时发生。在我国各养鱼地区，赤皮病一年四季都时有发生，但是以水温 25 ～ 30℃时为流行盛期。

症状

▶ 病鱼反应迟钝、衰弱、离群独游，有气无力地游于水面间。

图 3-3-24 离群独游

图 3-3-25 水面间慢游

▸ 鱼体体表出血发炎，鳞片脱落，尤其是鱼体两侧及腹部最为明显。

图 3-3-26 腹部两侧充血

图 3-3-27 体表掉鳞、发炎

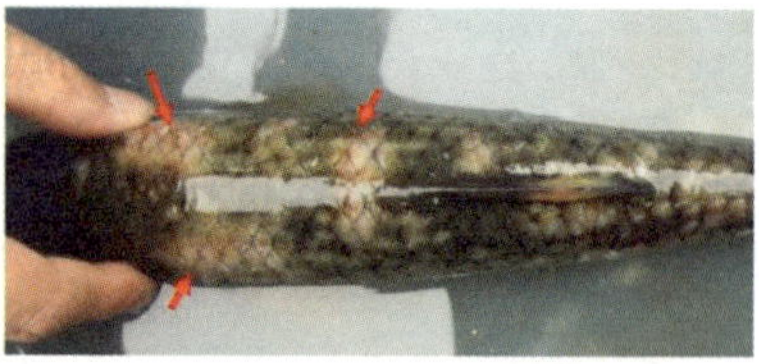

图 3-3-28 头背部掉鳞，呈斑状

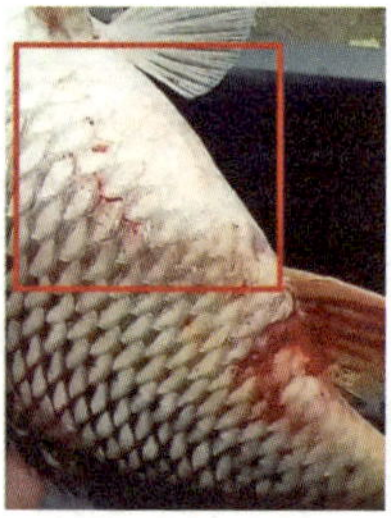

图 3-3-29 腹部红肿，发胀

▸ 病鱼头部颜色明显变深，鳍的基部或整个鳍充血，鳍条末端腐烂，使鳍条呈扫帚状，称为“蛀鳍”。

图 3-3-30 头部发乌

图 3-3-31 鳍条末端腐烂——“蛀鳍”

▶ 鳃盖“开天窗”，这是并发烂鳃病；因病停食、拒食时，肠道无食、充血发炎，继而并发肠炎病。

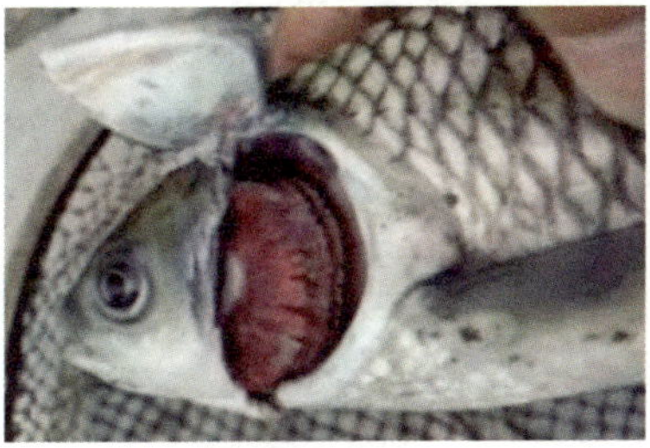

图 3-3-32“开天窗”——烂鳃病并发症

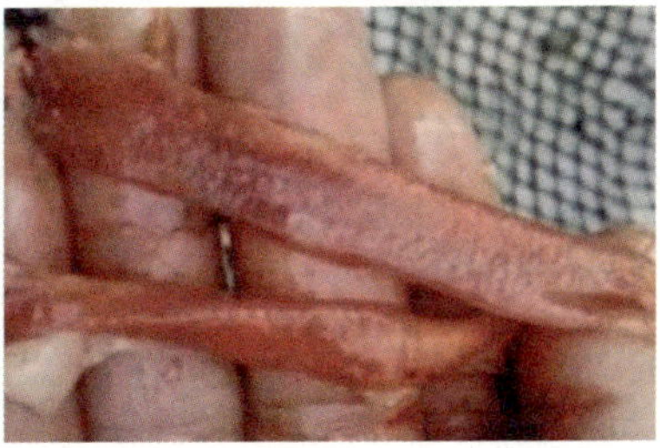

图 3-3-33 肠部无食且充血——肠炎病并发症

防治方法

▶ 加强综合预防措施，严格执行检疫制度。流行地区应改养对该病不敏感的鱼类。

▶ 升高水温、适当稀养也有预防效果。

▶ 用二溴海因或溴海因全池泼洒，用量为 0.2 ～ 0.3 克 / 立方米。

▶ 用碘伏全池泼洒，用量为 0.2 ～ 0.3 毫升 / 立方米。

▶ 排去原池水的五分之三，用生石灰水全池泼洒，调水池中水的 pH 值为 9.4，10 小时后加入新水。

·细菌性肠炎病

细菌性肠炎病是由于水质恶化、溶氧低，饲料变质或腐败，鱼摄取含细菌的不洁食物，鱼吃食不匀等引起的鱼体抵抗力下降，继而引发细菌感染的一种疾病。

症状

▶ 病鱼离群独游、游动缓慢、体色发黑、食欲减退，以至完全不摄食。

图 3-3-34 离群独游

图 3-3-35 体色发黑，不摄食

▶ 腹部膨大，两侧有红斑，肛门常红肿外突，呈紫红色，轻压腹部，有黄色黏液或血脓从肛门流出。

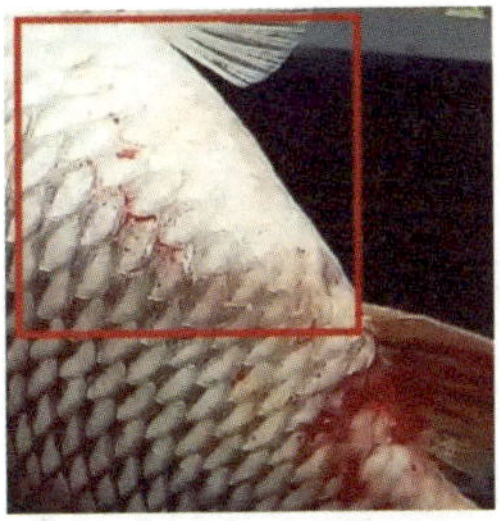

图 3-3-36 肛门两侧有红斑

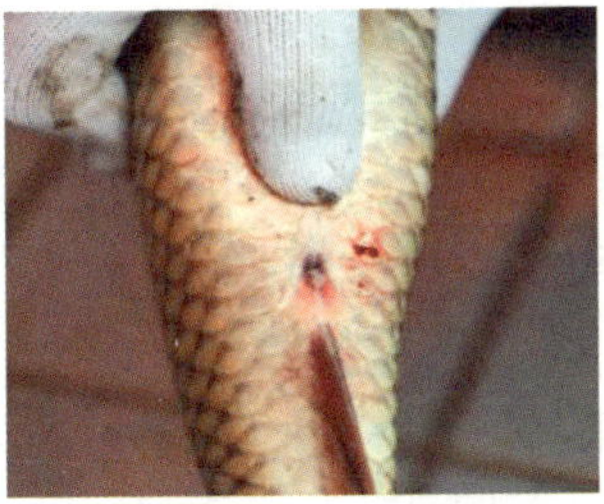

图 3-3-37 肛门流血

▶ 早期可见肠壁充血发红、肿胀发炎，肠腔内没有食物或只在肠的后段有少量食物，肠内有较多黄色或黄红色黏液。

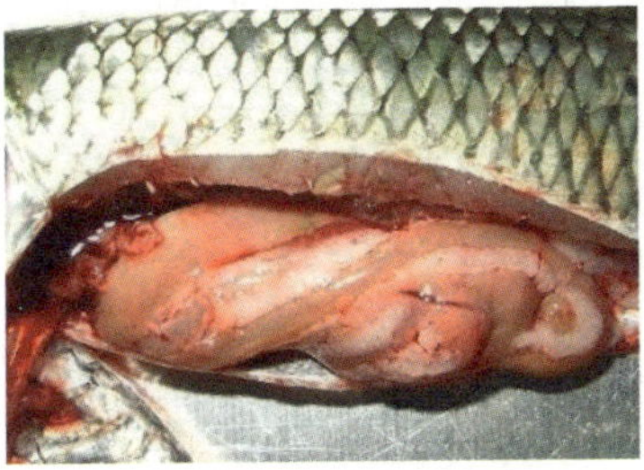

图 3-3-38 肠壁充血、肿胀

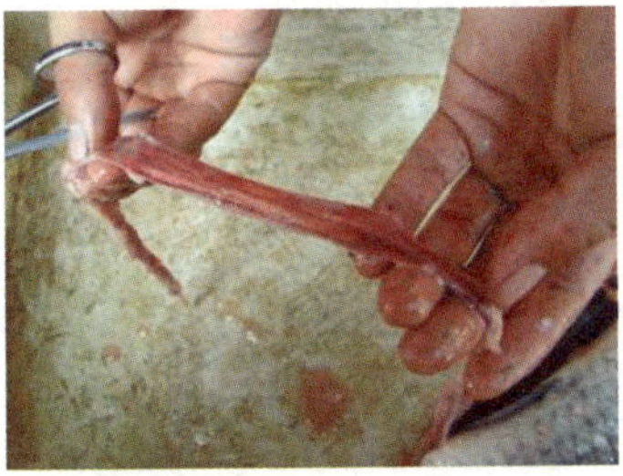

图 3-3-39 肠内无食物且有较多黄色黏液

▶ 疾病后期，可见全肠充血发炎；腹腔内常有淡黄色腹水，腹壁上有红斑，肝脏常有红色斑点状的淤血。

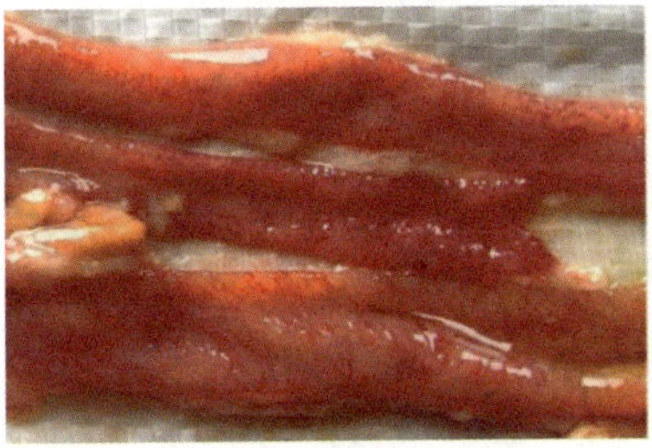

图 3-3-40 全肠充血发炎

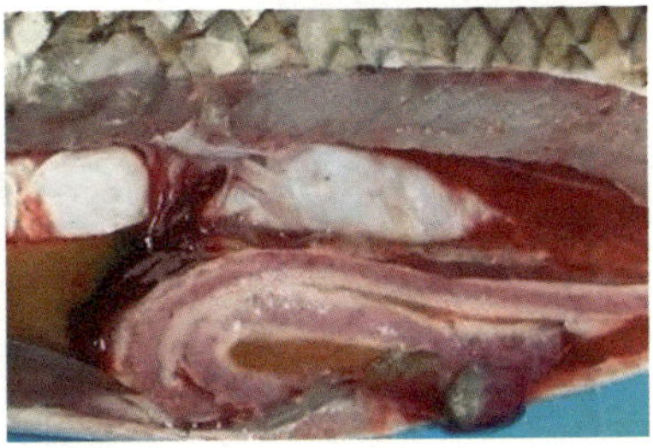

图 3-3-41 腹腔内有淡黄色腹水

防治方法

▶ 彻底清塘消毒，保持水质清洁，严格执行“四消四定”。投喂新鲜饲料，不喂变质饲料，是预防此病的关键。

▶ 鱼种放养前用 8 ～ 10 毫克 / 升浓度的漂白粉浸泡 15 ～ 30 分钟。

▶ 易发病季节，每隔 15 天，用浓度为 1 毫克 / 升的漂白粉或 20 ～ 30 毫克 / 升的生石灰水全池泼洒，可控制此病发生。发病时可用以上任一方案每天泼洒，连用 3 天。

▶ 每千克鱼每天用大蒜（用的时候捣烂）5 克或大蒜素 0.02 克、食盐 0.5 克，拌饲料分上午、下午两次投喂，连喂 3 天。

▶ 每千克鱼每天用干穿心莲 20 克或新鲜的穿心莲 30 克，加盐 0.5 克，打成浆，拌饲料分上午、下午两次投喂，连喂 3 天。

（a）　（b）

图 3-3-42 穿心莲

▶ 投喂磺胺-2，6-二甲氧嘧啶药饵，每千克鱼第一天用药100毫克，从第二天起每天50毫克，连喂1周。

▶ 每千克鱼每天用渔用庆大霉素10～30毫克拌饲，分上午、下午两次投喂，连喂3～5天。

· 水霉病

水霉病是一种由水霉真菌寄生而引起的鱼病。此病又被称为“肤霉病”“白毛病”。

症状

▶ 菌丝已向外生长，呈灰白色棉絮状。

图 3-3-43 鱼体表面长出灰白色菌丝

▶ 病鱼焦躁不安，常出现与其他固体摩擦等现象，之后患处肌肉腐烂，最终死亡。

图 3-3-44 鱼焦躁狂游

（a）

（b）

图 3-3-45 鱼体患处肌肉溃烂、充血

防治方法

▶ 在放养、捕捞和搬运过程中，勿使鱼体受伤，同时注意控制放养密度。

▶ 每亩鱼塘用 2 ～ 5 千克菖蒲汁，0.5 千克食盐，加入 2 ～ 20 千克人尿，全池泼洒。

（a）（b）（c）

图 3-3-46 菖蒲

▸ 用含食盐、小苏打合剂各 4/10000 的溶液全池遍洒。

任务三 病毒性鱼病

· 败血症

淡水鱼细菌性败血症又称“淡水鱼暴发病”，是鱼类急性传染病。高密度养殖鱼池占发病池塘的 95％以上。鱼类从 4 月初至 12 月底都有可能发病，且从发病到死亡只有 3 ～ 5 天的时间，在实际中往往还没有确诊，鱼类就已经大批死亡，造成重大经济损失，此病为我国二类疫病。

症状

▸ 早期表现为病鱼的口腔、颌部、鳃盖、眼眶、鳍及鱼体两侧轻度充血，肠道尚见少量食物。

图 3-3-47 体表两侧充血

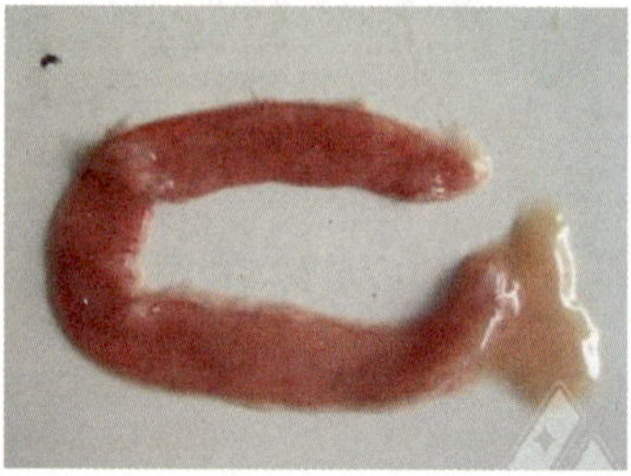

图 3-3-48 肠道内食物少

▸ 鳃丝充血、肿胀，呈浅紫色，肌肉有出血症状；眼眶周围充血，眼球突出，腹部膨大、红肿。有的病鱼鳞片竖起，肌肉充血，鳃丝末端腐烂，肛门红肿并伴有肠液溢出。

图 3-3-49 鳃部出血

图 3-3-50 鳞片竖起

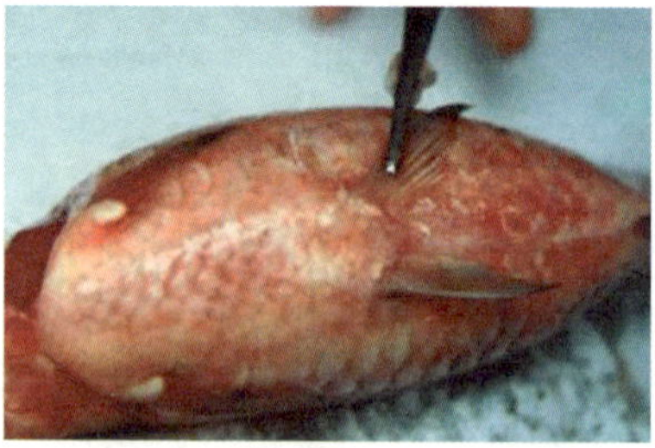

图 3-3-51 腹部膨大、红肿

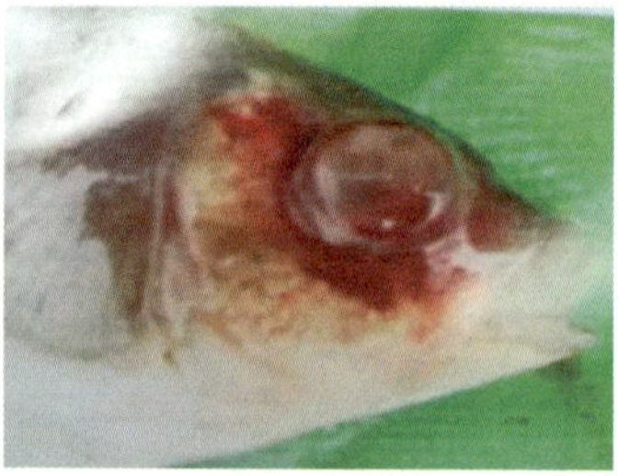

图 3-3-52 眼眶周围充血，眼球突出

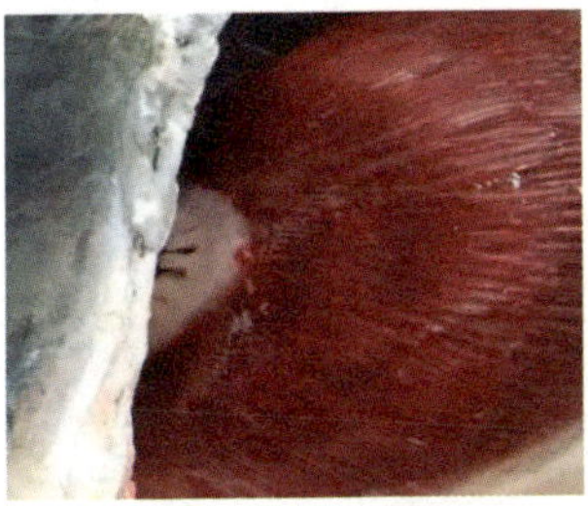

图 3-3-53 鳃丝充血

图 3-3-54 鳃丝末端腐烂

▸ 严重时肛门红肿，腹腔内积有淡黄色透明腹水或红色浑浊腹水，内脏呈紫黑色，胆囊胀大，肠壁充血发红且黏液多，肠内无食物。

图 3-3-55 内脏呈紫黑色

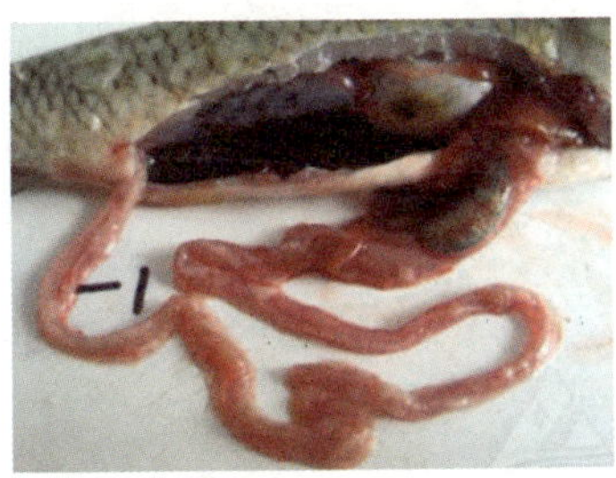

图 3-3-56 肠道无食，多黏液

▸ 死亡前 1 ～ 2 天，鱼抢食严重，同时漂浮水面，游动缓慢，上下沉浮；病情严重的鱼不吃食，静止不动或阵发性狂游，有的在池边摩擦，最后因体力衰竭而死亡。

（a）　（b）　（c）

图 3-3-57 鱼浮在水面慢游，突然一阵狂游，最后体力衰竭而亡

防治方法

1. 预防措施

▶ 彻底清塘：用生石灰干洒法彻底清塘，如水深约10厘米，每公顷用生石灰0.75～1.13吨，8天后放鱼入池；每公顷水深1米的水体用1.88～2.25吨生石灰带水清塘，15天后放鱼入池。

▶ 适当稀放养殖，养殖太密易诱发出血病。

▶ 盛夏时采取控温措施，确保水温不会升得太高。

▶ 定期对食台（场）、网具消毒；定期抽样检查（每月1～2次）。

▶ 池塘定期杀虫，拉网时仔细操作，不要伤害鱼体。

2. 治疗措施

▶ 综合治疗：第1天杀灭鱼体体表的寄生虫，杀虫后一天全池泼洒"苯扎溴铵溶液"或"杀毒先锋"，第2天用"五黄解毒宝+聚维酮碘"全池泼洒；第3天用"EM菌王"或"底毒清"或"生物调水底净宝"改良水质或鱼池底质。每立方米水体用含氯制剂（三氯异氰尿酸或二溴海因等）0.3～0.5克全池遍洒，每天下午或傍晚泼洒一次，连用3天；隔3～4天后重复一个疗程。

▶ 内服治疗：第2～6天连续投喂杀菌药饵（氟本

尼考＋水产养殖专用多维＋肝肠健)。

▶ 在一个养殖季节内重复发生第二次时，须使用"'翔盛1号'＋'翔盛3号'＋肝胆利康散＋水产多维"内服，连用5天；同时外用"菌速康"全池泼洒。

实践表明，采用"外消与内服"相结合的综合疗法治愈率可达到80％，还有20％的鱼因无法进食很快病死。而单独用外消或内服法治疗该病则几乎没有效果。

· 草鱼出血病

症状

由呼肠孤病毒引起，根据临床症状不同，分为"红肌肉""肠炎""红鳍红鳃盖"三种类型。

▶ "红肌肉"型：皮下肌肉充血；严重时肌肉均呈红色，一般在较小的草鱼鱼种（体长7～10厘米）上较常见。

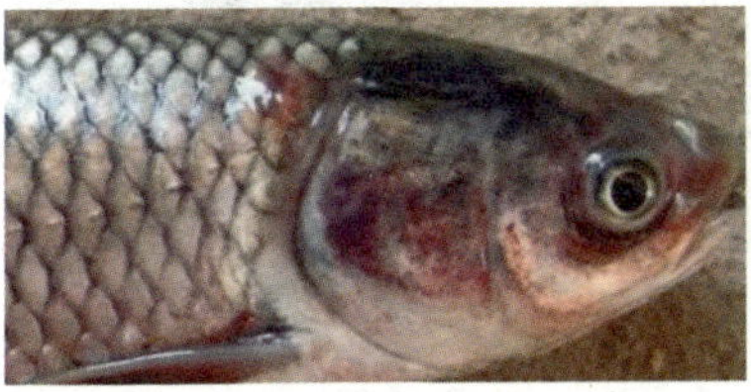

图 3-3-58 皮下肌肉充血

图 3-3-59 红肌肉

▶ “红鳍红鳃盖”型：病鱼的鳃盖、鳍基部、头顶、口腔和眼眶等明显充血，一般在较大的草鱼鱼种（体长 13 厘米以上）上出现。

（a）

（b）

图 3-3-60 鳃盖充血

（a）

（b）

图 3-3-61 鱼鳍基部、头顶充血

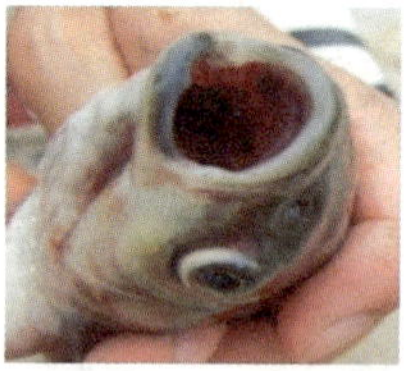

图 3-3-62 口腔充血

图 3-3-63 眼眶充血至溃烂

图 3-3-64 尾部充血

▶ “肠炎”型：病鱼肠道充血，松鳞，肌肉充血。

图 3-3-65 鱼体体表充血、松鳞

图 3-3-66 鱼肉充血

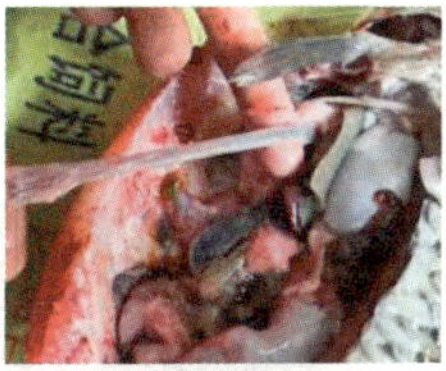
图 3-3-67 鱼肠道充血

防治方法

▶ 加强检疫，限制运输传染病区的鱼到无病区去，因为流行病的残存者多数是传染源的携带者。在购置鱼种时，应进行检疫。

▶ 加强饲养管理，每次投饵量不宜过多，吃剩的草茎应及时捞出，避免水质恶化。黄芪免疫多糖具有提高鱼体免疫力、阻止病毒、杀菌排毒等功效，并有用量少、作用快和药效持久等特点，可用于预防草鱼出血病。

▶ 可以用鱼赋康配合菌立克拌料全池泼洒，连用 3 ～ 5 天。

▶ 注射或浸泡草鱼出血病组织浆灭活疫苗或细胞弱毒疫苗进行预防。

▶ 易发病时期全池泼洒二氧化氯、表面活性剂等消毒剂。

▶ 全池施用大黄或黄芩抗病毒中草药，每升水体用

1～2.5 毫克即可。

图 3-3-68 大黄

图 3-3-69 黄芩

▸ 每 100 千克鱼每天用水花生 8～10 千克、大蒜头和食盐各 500 克，打成浆，拌入 3 千克米糠，连喂 5 天。

(a)

(b)

图 3-3-70 水花生

任务四　其他导致鱼生病的因素

·泛塘

泛塘指当养殖水体中溶氧量低于其最底底限时，就会引起鱼类大规模窒息死亡的现象。

▶ 泛塘前，水面出现泡沫，甚至有一股腥臭味，小鱼聚集于塘边，成鱼大量浮头。

（a）　（b）

图 3-3-71 鱼塘泡沫增多

图 3-3-72 成鱼大量浮头

▶ 泛塘时，塘内鱼群狂游乱窜，翻白，如不及时抢救，可能全塘的鱼都会死亡。

图 3-3-73 鱼狂窜、乱跳

图 3-3-74 鱼翻白

防治方法

▶ 冬季干塘清除淤泥，注意投饵施肥，勤捞残渣，并防止鱼放养过密而缺氧。

图 3-3-75 清除池底淤泥

图 3-3-76 勤捞饵肥残渣

▶ 注意巡塘，发现泛塘迹象，立即冲注新水，开动增氧机增氧。

▶ 施放鱼浮灵、“991”和“993”等复方增氧剂。

• 气泡病

由于鱼苗肠内充积大量气泡或鱼体黏满气泡而使鱼苗无法下沉所致。一是因鱼池中有过多未发酵的肥料而产生许多细小的气泡，被鱼苗误当食物而吞入，充积于肠内，从而增大鱼的浮力，使鱼苗失去平衡；二是因池中氮含量和氧含量太过饱和所致。

症状

▶ 鱼苗腹部隆起，鱼体发疱，鱼尾及鱼鳍上有大量气泡。

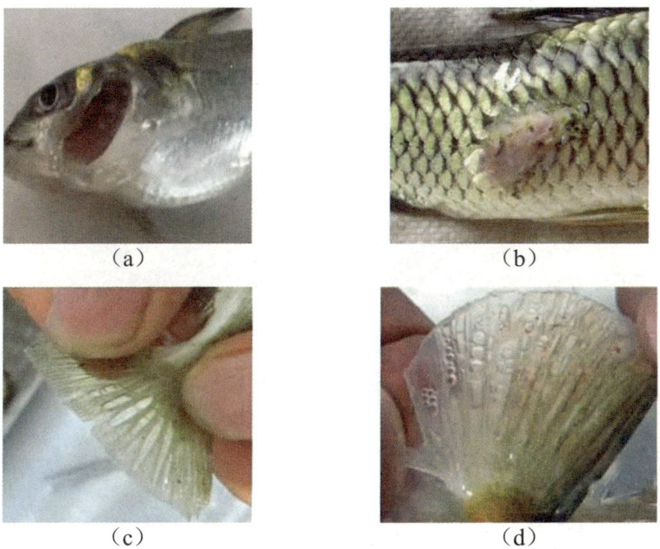

图 3-3-77 气泡病外部症状

▶ 腹内有大量积水，鱼膘明显胀气，且附有许多小气泡。

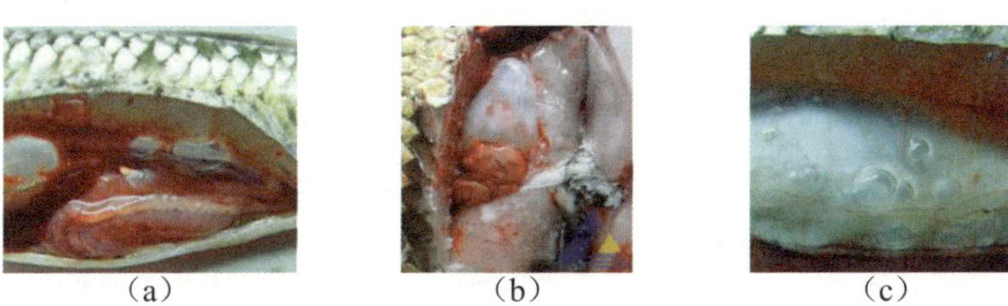

图 3-3-78 气泡病内部症状

防治方法

▶ 禁止在鱼苗池中施放未经发酵的肥料，且施肥投饵要适量，防止池塘中腐殖质过多。

▶ 往病鱼鱼苗池中冲注新水或直接换水，防止病情恶化。

附　表

常见鱼病肉眼鉴别简表

<table>
<tr><th>部位</th><th>病名</th><th>发病月份</th><th>肉眼鉴别主要症状</th></tr>
<tr><td rowspan="2">皮肤</td><td>竖鳞病</td><td>春季</td><td>鳞囊积水，鳞片竖起，形似松果，用手轻压，鳞囊积水即可喷出，有时鳍条基部充血，腹部膨大。</td></tr>
<tr><td>出血病</td><td>5～8月</td><td>分红肌肉型和红鳍红鳃盖型：
①红肌肉型：病变部位在鱼体两侧肌肉，鳍的基部、口腔，特别是臀鳍基部都有充血，有时眼睛也充血，肌肉呈不同程度的点状充血；病情严重的，全身肌肉呈深红色，有时甚至鱼体稍微发肿，皮肤发红，肉眼即可判断是肌肉严重充血。
②红鳍红鳃盖型：初期是鳍基部充血，鳃盖、腹部、口腔亦有不同程度的充血，严重时鳍条和体表亦充血，肠管发炎。</td></tr>
</table>

（续表）

部位	病名	发病月份	肉眼鉴别主要症状
皮肤	赤皮病	5～7月	病变部位一般在鱼体两侧及腹部，常出现发炎、出血、鳞片脱落、鳍条充血、末端腐烂等症状。
	白头白嘴病	5～7月	病鱼活动缓慢，体色稍黑，头顶和嘴周围发白，观察池中病鱼的活动，其症状很容易辨认。
	打印病	5～7月	病变部位在鱼体两侧，发病初期，常见圆形或椭圆形并有出血现象的病灶，好像打上了印记，严重时病灶部分肌肉往往溃烂，可见骨骼或内脏。
	白皮病	5～7月	从背鳍后部至尾柄末端的皮肤发白，呈白雾状。用手摸时，鳞片粗糙，无黏液，病重即将要死的鱼表现为“头部朝下、尾部朝上”的状态。
	疖疮病	5～7月	病变部位在鱼的背部两侧，呈现为脓肿和稍微突起的状态，用手摸时有弹性。剖开患部，可见肌肉充血和腐烂。
	水霉病	全年	病变部位长出大量的棉絮状菌丝，像一团团白毛。

（续表）

部位	病名	发病月份	肉眼鉴别主要症状
皮肤	车轮虫病	5～7月	主要危害鱼苗、鱼种。当病原体大量侵袭时，借助于放大镜可见到发亮、活动的虫体，病鱼症状是体表黏液增多，有时带有污泥，体瘦发黑，缓慢地飘游在下风水面上。
	隐鞭虫病	5～7月	严重感染时，皮肤出现小白点，故又称“白点病”。
	斜管虫		
	杯体虫病		
	小瓜虫病		
	嗜子宫线虫病	5～7月	寄生于鳞片底下以及各种鳍的鳍条中，用肉眼可以观察到，因虫体颜色鲜红，故又称“红线虫病”。
	钩介幼虫病	5～7月	寄生于鱼体的鳍条、鳃、嘴和口腔中，用肉眼仔细观察，可见米黄色三角形虫体。
	三代虫病	5～7月	体表出现大量黏液，用肉眼仔细观察病变部位可见到细状的虫体在蠕动。

（续表）

部位	病名	发病月份	肉眼鉴别主要症状
皮肤	锚头鳋病	5～7月	很容易看到寄生在体表的虫体，因为锚头鳋用它的头角和一部分胸部钻入鱼的肌肉组织和鳞片下面，一部分身体露在外面，因此又称这种病为“蓑衣病”。
	鲺病	5～7月	被感染的鱼常表现出不安，或跃出水面，或在水中狂游，或食欲减退，鱼体日渐消瘦等症状，严重时甚至死亡。虫体较大，一般呈白色，肉眼可以看到，但虫体常会随时离开原寄主而重新寻找新寄主，因此，有时在病鱼体上见不到虫体。
	打粉病	5～9月	多发生在偏酸性的水中。发病初期病鱼体表黏液增多，出现大量白点和少量红点，食欲减退；发病后期白点连接、重叠，像米粉般裹满全身，“粉块”脱落处长“毛”(水霉）或溃烂，鳃内也有病变。病鱼常呆浮于水面，不食不动。

（续表）

<table>
<tr><th>部位</th><th>病名</th><th>发病月份</th><th>肉眼鉴别主要症状</th></tr>
<tr><td rowspan="7">鳃</td><td>烂鳃病</td><td>7～9月</td><td>病鱼鳃丝腐烂，严重时鳃丝末端软骨外露，且鳃上常带污泥，病变部位鳃盖内侧的表皮常被腐蚀成一个圆形或不规则的透明小窗（这种形象俗称“开天窗”）。</td></tr>
<tr><td>鳃霉病</td><td>5～9月</td><td>病鱼鳃部呈苍白色，有时有点状充血或出血现象，常会暴发性急剧死亡，如不迅速采取措施，短期内有“全军覆没”的危险。</td></tr>
<tr><td>隐鞭虫病</td><td>鱼苗阶段</td><td>由于虫体大量繁殖及骚扰，使病鱼鳃部产生大量黏液，严重影响了鱼的呼吸，故病鱼浮头时间延长，严重时病鱼体色发黑，离群独游，漂浮水面。</td></tr>
<tr><td>车轮虫病</td><td rowspan="3">5～7月</td><td rowspan="3">大量感染指环虫时，鱼的鳃部显著肿胀，鳃盖微张，黏液增多，鳃丝呈暗灰色，有些比较大的虫体，肉眼可见。</td></tr>
<tr><td>斜管虫病</td></tr>
<tr><td>指环虫病</td></tr>
<tr><td>中华鳋病</td><td>5～7月</td><td>鳃丝末端肿大发白，在这些肿大的鳃丝中寄生着许多虫体，肉眼容易看到，因虫体后面带有一对细长白色的卵囊，形状稍似小蛆，故有“鳃蛆病”之称。</td></tr>
</table>

（续表）

部位	病名	发病月份	肉眼鉴别主要症状
内部器官	肠炎病	5～9月	肛门红肿，严重时鳍条基部充血，腹部出现红斑。剖开鱼腹，往往有腹水流出，肠管发炎，严重时整条肠管呈红色或紫红色。
	球虫病	5～7月	病原体侵袭肠管，病鱼的鳃丝呈苍白色，食欲不振，在肠管内外壁肉眼可见到许多白点状胞囊。病鱼的肠组织被严重破坏，肠道发炎充血，甚至会出现肠壁穿孔的现象。
	粘孢子虫病	5～9月	这种寄生虫有些只在肠黏膜组织上生长发育，形成白点状孢囊；有些除侵袭肠黏膜组织外，还可以穿过肠壁在肠外形成大量孢囊。
	疯狂病	冬春季	主要感染鱼种为鲢鱼和鳙鱼，病原体侵袭鱼的脑部，破坏鱼的神经系统。病重时，鱼在水中狂游乱窜，抽搐打转，一会儿沉入水底，一会儿浮在水面。病鱼头大体瘦，尾部上翘，头部发黄，内部脑微血管出血，肝脏一般呈现紫色，有时腹腔还会积水。

（续表）

部位	病名	发病月份	肉眼鉴别主要症状
内部器官	侧殖吸虫病	5～9月	此病主要危害鱼苗、鱼种。由于鱼苗肠道被吸虫堵塞，影响鱼苗正常摄食和消化，病鱼身体发黑，游动迟缓，成群地漂浮于下风水面，俗称“闭口病”。肉眼仔细观察鱼苗肠道，可见像芝麻状虫体在蠕动。
	复口吸虫病	5～9月	鱼苗被尾蚴感染后，最初是在水面上上下往返，呈急速地游动或挣扎状，继而出现“腹部朝天、头部朝下”的状态；几分钟或十几分钟后死亡。病鱼头部充血，部分鱼体出现弯曲。也有一部分病鱼尾蚴进入鱼的眼球水晶体，使其混浊、呈乳白色，故又称“白内障”。到了这个阶段，鱼除了眼瞎或掉眼外，还可继续生长。
	头槽绦虫病	5～9月	10厘米以内的草鱼鱼种会被感染。患此病后，鱼的营养被消耗，影响鱼的生长发育，病鱼日渐消瘦而死。常在秋季，鱼种食欲降低后出现大批死亡的情况。剖开鱼腹，在前肠后部转弯处，肉眼可见许多细线状白色虫体。

（续表）

部位	病名	发病月份	肉眼鉴别主要症状
内部器官	双线绦虫病	5～9月	病鱼腹大背瘦，用手轻压腹部可从肛门处挤出白色长条状虫体，剖开鱼腹可见虫体缠绕在腹腔内。
其他	跑马病	5～6月	多发生于鱼苗和鱼种培育期间。池鱼围绕塘边群集狂游，长时间不止，像“跑马”一样。
	气泡病	5～6月	鱼的肠道中有气泡，或鱼的体表、鳍条上附有较多气泡，使鱼漂浮在水面上，沉不下去。
	萎瘪病	当年10月～次年3月	鱼体干瘪，头大尾小，背似刀刃。
	弯体病	6～7月	鱼体弯曲，有时头盖骨、上下颌和鳍条都会变成畸形。

后　记

2014年6月23日—24日，全国职业教育工作会议在北京召开。习近平总书记就加快职业教育发展作出重要指示："要加大对农村地区、民族地区、贫困地区职业教育支持力度，努力让每个人都有人生出彩的机会。"中共贵州省委、贵州省人民政府为认真学习贯彻习近平总书记的指示精神，召开了全省教育高质量发展大会，制定实施措施，安排贵州省教育厅在全省抓好落实。省教育厅按照省委、省政府的工作部署，及时出台了《贵州省整体提升教育水平攻坚行动计划（2021—2030年）》，围绕全面推进乡村振兴战略需要，以提升学历水平、职业技能和农业生产经营能力为导向，深入推进面向农村的职业教育改革，加快培养高素质农民，集中力量对具有劳动能力但文化水平较低的人员实施技能学历双提升，通过职业教育让低学历劳动者提升文化素养、学得一技之长，达到毕业条件的学员可获得中等职业教育文凭。

本教材旨在帮助低学历劳动者快速掌握淡水养殖的基本知识及操作技能，使其能学有所用、学有所获。教材的编写充分考虑了贵州省农村淡水养殖现实需求与受教育者的学习规律，教学内容按课程标准科学规范设置，浅显易懂。教材从淡水养殖的概念等基础知识入手，详细介绍了具有较强实用性和可操作性的草鱼池塘养殖技术、罗非鱼池塘养殖技术、鲤鱼稻田养殖技术、鳙鱼大水面生态养殖技术、加州鲈鱼陆基圆桶工厂化循环水养殖技术、小龙虾稻田混养技术等实用的淡水养殖技术，并配以图片进行讲解、说明，具有较强的指导性和实用性。

本教材第一部分由罗晓奋、林雪编写；第二部分由罗焱冰、钟丽、邹明、韦庆霞、唐珏、罗晓奋、韦克灿编写；第三部分由罗晓奋、韦克灿编写。本书在编写的过程中，得到了贵州省黔南布依族苗族自治州罗甸县、贵州省黔东南苗族侗族自治州榕江县水产办及相关专家的大力支持，参考了大量文献资料，仿绘了诸多图例，由于篇幅有限未在书中一一列明，敬请谅解。贵州大学出版社数次组织召开了教材编写修订会，编写人员在业内专家和贵州大学出版社的帮助下，最终完成了教材的编写工作。在此谨向有关专家、单位表示感谢！

衷心希望本教材的出版能为推动贵州省职业技能学历双提升工程教学工作的顺利实施，为全面提升贵州教育水平、助力贵州乡村振兴做出贡献。

由于编者水平有限，书中难免存在不妥及疏漏之处，敬请读者批评指正。